JN071327

経済・政策分析のための GIS 入門 ❶基 礎 【二訂版】

ArcGIS Pro 対応

河端 瑞貴 著

古今書院

Introduction to GIS for Economic and Policy Analysis: 2nd edition

1: Basics with ArcGIS Pro

by Mizuki KAWABATA

ISBN978-4-7722-3199-2

Kokon Shoin Publishers Ltd., Tokyo, 2022

はじめに

本書は、GIS（地理情報システム）の基礎を解説した入門書、『経済・政策分析のための GIS 入門 1：基礎：ArcGIS Pro 対応』（2018 年）の二訂版です。初版の内容を ArcGIS Pro やデータダウンロードサイト等の更新に合わせて改訂しました。

国内外で GIS を活用した経済・政策分析が急速に増加しています。その背景には、GIS の発達のみならず、GIS で利用可能な空間データが爆発的に増えてきたことがあります。日本では、2007 年に地理空間情報活用推進基本法が制定され、空間データおよびその提供システムの整備拡充が進みました。近年は、オープンデータ化の進展により、無償で二次利用の可能な空間データも続々と公開されています。

GIS の強みは、空間データを可視化できるだけでなく、空間データを加工・作成したり、空間的位置関係に基づく分析を行えることです。経済・政策課題の多くは、「空間」に関連しています。医療、環境、交通、産業、住宅、人口、土地利用、福祉、防災などの政策課題を見ても、都市・地域の空間構造と密接に関わるものが少なくありません。発達著しい GIS と空間データを活用すれば、そうした課題の理解や解決に有益な知見を提供できると期待しています。

筆者は、長年にわたり、経済・政策分野の学部および大学院の授業で GIS を教えてきました。授業に適したテキストがなかったため、『経済・政策分析のための GIS 入門』シリーズを出版し、実際に授業で使用しています。本書では、これまでの経験から特に使用頻度の高い基礎的な GIS のツールと空間データを取り上げて解説しています。初心者が間違えやすいポイントや、知っていると便利な情報は、「アドバイス」という項目で解説しています。

本書が、GIS の有用性を理解し、GIS を活用できる能力を養う一助となれば幸いです。

本書の構成は、次のとおりです。第 1 章では経済・政策分野における GIS 活用の普及、GIS 活用の利点やポイント、第 2 章では空間データとその選択・入手方法について解説しています。第 3 章以降では ArcGIS Pro を用いた演習を行います。第 3 章以降の各章は解説と演習で構成され、演習の操作の小見出しに「ステップ」がついています。

第 3 章では、「政府統計の総合窓口」（e-Stat）の国勢調査（小地域）データをダウンロードし、人口分布図を作成します。その過程を通じて、ArcGIS Pro の基礎を学びます。第 4 章では、GIS を扱う際の重要なポイントである空間参照と座標系を学びます。e-Stat の国勢調査（小地域）データをダウンロードし、ArcGIS Pro における座標系の扱い方を学びます。第 5 章では、演習用データを用いて、空間データの選択と検索方法を学びます。第 6 章では、演習用データを用いて、よく使われる基本的なジオプロセシングツールを学びます。第 7 章では、演習用データを用いて、テーブルデータの操作・演算・結合のツールを学びます。

第 8 章から第 10 章では、空間データの活用法を学びます。第 8 章では、国土数値情報の基礎知識、および行政区域データと地価公示データを事例に、国土数値情報のデータをダウンロードして GIS での使用に適したデータに加工する方法を学びます。第 9 章では、e-Stat の国勢調査の小地域とメッシュデータをダウンロードし、GIS で扱う方法を学びます。統計データと境界データをダウンロードして結合し、核家族世帯割合図と高齢者人口分布図を作成します。第 10 章では、e-Stat から経済センサスの小地域とメッシュデータをダウンロードし、GIS で

扱う方法を学びます。統計データと境界データを結合し、金融・保険業従業者割合図と従業者分布図を作成します。

　第 11 章では、ジオコーディングの基礎知識、および保育所の住所情報をジオコーディングしてポイントデータを作成する方法を学びます。第 12 章ではレイアウトと報告用の地図の作成方法、第 13 章では 3D マップの作成方法を解説します。

　本書の続編『経済・政策分析のための GIS 入門 2：空間統計ツールと応用：ArcGIS Pro 対応』（2018 年）では、経済・政策分析に有用な空間統計ツールおよび応用的機能・事例を解説しています。

　最後に、本二訂版を書くにあたってお世話になった方々に感謝の意を表します。慶應義塾大学の教職員の皆様、授業の TA を務めてくださった柴辻優樹様、羅 雁劼様、履修生・聴講生でした小林優一様、鈴木敬和様、山田昂弘様、ゼミ生、学生の皆様からは有益なコメントや支援をいただきました。東京大学および政策研究大学院大学での経済・政策分析の授業の分担者でした金本良嗣先生、軸丸真二先生、高橋孝明先生、長谷知治先生、中川万理子先生、安田昌平先生からは、貴重な知識や示唆をいただきました。ESRI ジャパン株式会社の土田雅代様、社員の皆様は親切な技術的サポートをしてくださいました。古今書院の原 光一様には、本書の刊行にあたりご協力と助言をいただきました。ここに記してお礼申し上げます。その他にも多くの方々にお世話になりましたが、すべての名前をあげることのできないことをご容赦いただきたいと思います。

2022 年 2 月

河端瑞貴

初版から二訂版にかけての主な変更点

・ArcGIS Pro 2.9 に対応。

・OS は Windows11 に対応。

・ArcGIS Pro の各種ツールの更新。

・空間データダウンロードサイトの更新に対応。

・一部データの更新に対応。

・第 11 章ジオコーディングで「Yahoo! マップ API を利用したジオコーディングと地図化」を解説し、演習で使用。

・文献ガイドを更新。

本書の利用にあたって

・各章は独立しています。演習については関心のある章から始められますが、ArcGIS Pro の初心者は、第 3 章「ArcGIS Pro の基礎」から順番に学ぶことを推奨します。

・第 3 章以降は、解説と演習で構成されます。演習の操作の見出しには、「ステップ」がついています。

・本書では、Windows 上で動作する ArcGIS Desktop のアプリケーション ArcGIS Pro 2.9 日本語版に対応しています。

・ベクタデータをディスク上に格納するフォーマットは、原則としてシェープファイルを使用します。（演習の一部ではジオデータベースを使用します。）

・原則として、メニュー、ウィンドウ、ツールは［］、選択項目やファイル名は「」で表します。

・左クリックは「クリック」、右クリックは「右クリック」と記述します。

・演習の一部では、Microsoft Offce Excel、PowerPoint、Word を使います。これらのソフトウェアの基礎的な操作は出来るものとして解説します。

演習用データのダウンロードと保存場所

　演習用のデータは、下記のページよりダウンロードしてください。

　http://www.kokon.co.jp/book/b603386.html

ダウンロードしたデータは、階層の浅いフォルダー（例：C:¥gisdata）に保存することを推奨します。階層の深いフォルダーに保存すると、処理に問題が生じる可能性があります。

目　次

第1章　GIS と経済・政策分析

GIS とは

GIS は、一般的には Geographic Information Systems（地理情報システム）の略称です。地理空間情報活用推進基本法（平成 19 年法律第 63 号）第二条によれば、GIS とは、「地理空間情報の地理的な把握又は分析を可能とするため、電磁的方式により記録された地理空間情報を電子計算機を使用して電子地図上で一体的に処理する情報システム」のことです。ただし、GIS については様々な定義があります。

GIS は、学術界では Geographic Information Science（地理情報科学）の略称としても使われています。ツールとしてのシステム（Systems）というよりも、学問としてのサイエンス（Science）として認識されているためです。たとえば、国際学術誌の International Journal of Geographical Information Science（IJGIS）は、1997 年に International Journal of Geographical Information Systems から現在の名前に変更しています。国際的な GIS コンソーシアムとして知られる University Consortium for Geographic Information Science（UCGIS）も、GIS の「S」に Systems ではなく Science を採用しています。

経済・政策分野の GIS 活用

経済・政策分野において、GIS の活用が進んでいます。図 1-1 は、学術文献データベースの Web of Science に収録されている、1990 年以降の GIS と経済あるいは政策に関連する文献数の経年変化を示したものです。経済、政策のいずれも文献数は増加傾向にあります。特に 2000 年代半ば頃から増加傾向

Web of Science のトピック「gis economic*」、「gis policy」検索により抽出された文献数（2021年12月17日現在）

図 1-1　GIS と経済・政策に関連する学術文献数

が強まり、GIS を意識した研究が積極的に展開されていることがわかります。

GIS の活用が活発になっている背景には、GIS の普及に加えて、GIS で利用可能な空間データが増えていることがあります。日本では、2007 年に地理空間情報活用推進基本法が制定され、空間データの整備が進みました。近年は、オープンデータの進展により、無償で二次利用が可能な空間データも増えています。

GIS を利用できるサービスや情報提供も活発になっています。政府統計ポータルサイトである「政府統計の総合窓口（e-Stat）」（https://www.e-stat.go.jp/）の「地図（統計 GIS）」（図 1-2）をクリックすると、「地図で見る統計（jSTAT MAP）」を利用したり、統計・境界データをダウンロードできます。jSTAT MAP は、Web ブラウザー上で統計データと地図を組み合わせた GIS を利用できる、画期的なサービスです。シェープファイルをインポート・エクスポートする機能もあるため、ArcGIS Pro と連携した分析も可能です。2015 年、政府は「地域経済分析システム（RESAS）」（https://resas.go.jp/）の提

2

図 1-2　e-Stat の統計 GIS

図 1-3　地域経済分析システム（RESAS）

供を開始しました。RESASは、産業構造や人口動態、人の流れなどの官民ビッグデータを集約し、可視化するシステムです（図1-3）。地域経済循環、産業構造マップなど、経済・政策分析に有益な情報を得ることができます。

　表1-1は、地方公共団体における政策分野別のGIS活用例です。都市計画・都市整備、建設といった従来から地図の利用を前提としてきた分野だけでなく、医療・福祉、教育といった分野においても、GISが活用されています。地方公共団体は大量の地理空間情報を保有しています。そうした地理空間情報を効率的に管理・活用すれば、行政効率が大幅に向上すると期待できます。

表 1-1　地方公共団体における政策分野別 GIS 活用例

分野例	事業例	GIS の活用例
防災・防犯	震災対策	災害時計画図の作成
	治安対策	防犯情報マップの作成
医療・福祉	感染症対策	感染症伝播経路の分析
	福祉施設整備	バリアフリーマップの作成
教育	地域教育推進政策	学内外共有空間データの整備
	情報教育推進政策	教育用WebGISの提供
観光	観光産業振興	観光ポータルサイトの作成
	外国人旅行者受入環境整備	外国人旅行者の行動分析
都市計画・都市整備	土地利用計画	土地利用図の作成・更新
	都市成長管理計画	都市計画情報の伝達
公園・緑地	緑地公園整備	公園面積の算出
	緑地保全計画	緑地環境のモニタリングと評価
建設	道路建設計画	交差点・交通安全施設の最適配置
	河川整備計画	河川基幹データの整備
上下水道分野	安定給水	送配水管ネットワークデータの管理
	浸水対策	水道管破損箇所の特定
税	課税評価・計画	固定資産の情報管理
	固定資産税の土地区画整理	画地認定・現地調査
農業	農業農村整備	傾斜度、農道整備状況などの農業情報配信
	営農管理	土壌情報、堆肥投入量などの管理・分析
産業・労働	商業振興計画	商圏分析
	中心市街地活性化政策	時系列商店数の地図化

GIS 活用の利点

　GIS を経済・政策分析に活用する利点として、空間データの視覚化、空間データの加工・作成、空間データの分析の3つを説明します。

空間データの視覚化

　GISを活用する利点の1つは、空間データを地図上に視覚化できることです。地図は、多くの情報を視覚的にわかりやすく伝達できる媒体です。そのため、現状理解や問題発見、分析、プレゼンテーションやコミュニケーションなどに役立ちます。

　いくつか例を見てみましょう。図1-4は、東京都都市整備局が公開している町丁字単位の地震による地域危険度のデータです。この表データからは、一見、危険度の高い地域はどこかを把握することは困難です。しかし、図1-5のようにGISで地図上に視覚化すると、危険度の高い地域や地理的な分布を一

目で把握することができます。

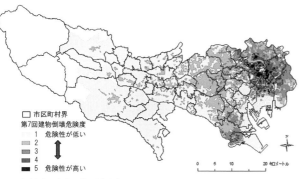

	A	B	C	D	E	F	G
1	市区町村	町丁目名	住所	地盤分類	建物倒壊危険度	火災危険度	総合危険度
2	千代田区	飯田橋1丁目	千代田区飯田橋1丁目	谷底低地3		2	2
3	千代田区	飯田橋2丁目	千代田区飯田橋2丁目	谷底低地3	1	2	2
4	千代田区	飯田橋3丁目	千代田区飯田橋3丁目	谷底低地3	1	1	1
5	千代田区	飯田橋4丁目	千代田区飯田橋4丁目	谷底低地3	2	2	2
6	千代田区	一番町	千代田区一番町	台地2	1	1	1
7	千代田区	岩本町1丁目	千代田区岩本町1丁目	沖積低地3	3	3	3
8	千代田区	岩本町2丁目	千代田区岩本町2丁目	沖積低地3	3	2	3
9	千代田区	岩本町3丁目	千代田区岩本町3丁目	沖積低地3	2	2	2
10	千代田区	内神田1丁目	千代田区内神田1丁目	沖積低地2	2	2	2
11	千代田区	内神田2丁目	千代田区内神田2丁目	沖積低地2	3	2	2

出典：東京都都市整備局「地域危険度一覧表」（地震に関する地域危険度測定調査（第7回））

図1-4　地震危険度の表データ（東京都）

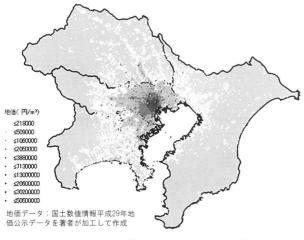

出典：東京都都市整備局「地域危険度一覧表」（地震に関する地域危険度測定調査（第7回））

図1-5　空間データの視覚化：地震による建物倒壊危険度（東京都）

　図1-6は、埼玉県、千葉県、東京都（離島除く）、神奈川県の地価データをGISで視覚化した地図です。高い地価の集積地など、地価の空間分布を把握できます。

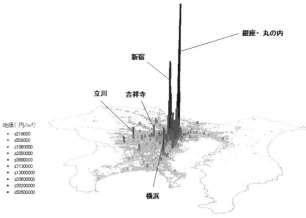

地価データ：国土数値情報平成29年地価公示データを著者が加工して作成

図1-7　空間データの視覚化：地価の3Dマップ（埼玉・千葉・東京・神奈川）

　空間データの視覚化は、データの理解にも役立ちます。GISでは、地図と属性情報が連動しています。たとえば、地図上の地価ポイントの詳細を知りたければ、その地価ポイントを選択し、テーブルでその地価の属性情報（地価、住所、地籍等）を確認できます（図1-8）。逆に、テーブルの地価を選択すると、地図上で、その地価の場所を確認できます。このように、地図とテーブルの特定の情報を選んで、相互に情報を確認することができることもGISの利点です。

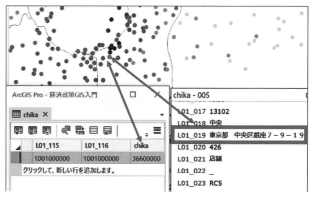

図1-8　空間データの視覚化：地図と属性情報の連動

図1-6は、同じ地価データを3次元（3D）で視覚化した地図です。銀座・丸の内など都心部周辺に際立って高い地価が集積している様子がわかります。都心から離れた地域においても、吉祥寺や立川

地価データ：国土数値情報平成29年地価公示データを著者が加工して作成

図1-6　空間データの視覚化：地価の2Dマップ（埼玉・千葉・東京・神奈川）

などでは周辺地域よりも地価が高いことがわかります。地価のように分布の歪みの大きいデータは、3Dで表示すると、地域差を理解しやすくなります。

空間データの加工・作成

　GISを使うと、位置情報を軸として複数のデータ

を重ねて表示したり、統合できます。これにより、データ相互の位置関係を把握したり、データ間の関連性を分析できます。ジオプロセシングなどの機能を用いて加工すれば、新しい空間データを作成することもできます。

属性検索だけでなく、空間的位置関係に基づく空間検索ができることも、GISの利点です。たとえば、「～と重なる」、「～から一定距離内の」、「～を含む」、「～に含まれる」、「～と正確に一致する」、「～の境界線に接する」、「～と線分を共有する」、「～に重心がある」といった空間検索ができます。距離や面積、長さ、重心といった計算を行うこともできます。

これらの機能を使えば、たとえば、「都心主要駅までの距離」、「公園隣接ダミー」、「○○線沿線ダミー」、「○○から半径50m以内の緑地面積」、「○○から半径20km以内ダミー」といった地理的変数を作成できます。地理的変数を扱うヘドニック法のような経済分析手法では、GISがほぼ必須のツールとなっています。ヘドニック法におけるGISの活用ついては、本書の続編『経済・政策分析のためのGIS入門2：空間統計ツールと応用』で解説します。

空間データの分析

空間データの分析を行えることも、GISの利点の1つです。ArcGISには、ネットワーク分析、空間解析、空間統計など、多数の空間分析ツールが実装されてます。たとえばArcGISの［最小二乗法］ツールで回帰分析を実行すると、標準化残差のマップを自動出力します（図1-9）。［空間的自己相関分析］ツール Global Moran's I 統計量を計算し、残差が空間的にランダム分布しているかを統計的に検証することもできます（図1-10）。さらに、［ホットスポット分析］ツールで残差の Getis-Ord G_i^* 統計量を計算し、ホットスポット、コールドスポットを特定すれば、重要な変数を見つけ出すヒントになります（図1-11）。

このようなGISの使い方は、探索的データ解析（EDA：Exploratory data analysis）で威力を発揮します。EDAとは、データから得られる情報を基にデー

タを分析したり、モデルを構築・改良したりする分析アプローチのことです。

図1-9　［最小二乗法］ツールが自動出力する標準化残差マップ

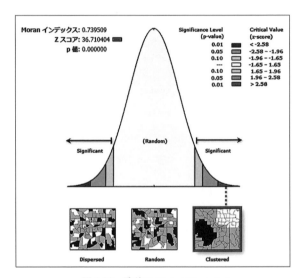

図1-10　残差の Global Moran's I

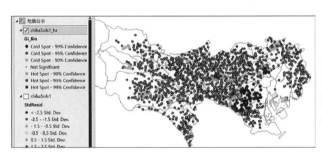

図1-11　残差のホットスポット・コールドスポット

GIS活用のポイント

GISを活用する上での主なポイントを3つ説明します。

GISソフトウェアの入手

1つ目のポイントは、GISのソフトウェアを入手

することです。GIS を使うためには、GIS ソフトウェアが必要です。無償の GIS ソフトウェアには、GeoDA、MANDARA、QuantumGIS（QGIS）などがあります。R 言語のように、空間データの統計分析ができるプログラミング言語もあります。

　有償の GIS ソフトウェアには、ArcGIS、MapInfo、SIS、地図太郎などがあります。ArcGIS のような高機能の GIS は、個人が購入するには非常に高価なソフトウェアです。しかし、GIS ソフトウェアをサイトライセンスのような形で一括導入し、構成員が無償であるいは安価に利用できるようにしている組織があります。組織に所属している場合は、所属組織にそのような GIS ソフトウェアがあるか確認してみましょう。たとえば ArcGIS のアカデミックパックプレミアム（旧 ArcGIS サイトライセンス）は、世界 27 カ国 900 校以上の学校に導入されています。

目的に適した空間データの選択・入手

　2 つ目のポイントは、利用目的に適した空間データを選択・入手することです。現在は多種多様な空間データが提供されている上に、次々と新しい空間データが提供されています。そのため、どの空間データを選び、取得すればよいのかを把握することは容易ではありません。空間データの選択・入手方法については、第 2 章で説明します。

GIS 習得の機会

　3 つ目のポイントは、GIS を習得する機会を得ることです。GIS を学ぶ上でしばしば問題となるのは、GIS を習得する機会の少ないことです。GIS を習得するには、GIS の教科書だけでなく、授業や講習会などを活用すると効果的です。

　グループで学んだり、身近に GIS の専門家がいたりすれば、さらに効果的です。GIS で何らかの問題に直面すると、1 人で悩んだり調べたりしていてもなかなか解決しないことがあります。そのような場合は、互いに教え合ったり、GIS の専門家に聞いたりすると解決できることが多いものです。GIS には、教科書やヘルプに記載されていない操作上のコツがあります。そのよう暗黙知も、GIS の専門家が身近にいると習得しやすくなります。（ただし、GIS は学ぶにも教えるにも時間がかかりますので、多忙な人に問い合わせる際には配慮が必要です。）

第2章　空間データの選択・入手方法

GISを扱う上での重要なポイントは、目的に適した空間データを選択・入手することです。現在、多種多様な空間データが提供されています。その上、新しい空間データが続々と公開されています。そのため、どのような空間データがあるのか、どの空間データを使ったらよいのかを把握することは必ずしも容易ではありません。

そこで本章では、まず、空間データとGISで扱う代表的なデータモデルであるベクタデータとラスタデータを解説します。次に、空間データを選択する際のポイントを説明し、空間データの主なダウンロードサービスを紹介します。

空間データ、地理空間情報とは

「空間データ」とは、コンピュータ処理を前提とし、それに適した形で空間情報を表現したものです。（ただし、空間データには様々な定義があります。）「空間情報」は、「地理空間情報」とも呼ばれ、ほぼ同義語です。「地理空間情報」とは、空間上の特定の地点又は区域の位置を示す情報（位置情報）とその情報に関連付けられた情報のことです。

地理空間情報に該当する情報は多く、地形図や主題図（ハザードマップなど特定のテーマについての地図）といった地図のみならず、衛星画像や空中写真、ジオタグつき写真などの画像、行政の台帳や地域の統計データ、住所情報のついた医療機関一覧表などはすべて地理空間情報です。

ベクタデータとラスタデータ

GISで扱う空間データは、実世界を抽象化し、モデル化したものです。空間データの主なモデルには、「ベクタデータ」と「ラスタデータ」があります。ベクタデータとは、空間情報を図形で表現したデータで、明確な位置や境界を持つ地物の表現に適しています。具体的には、ポイントデータ（地価公示、駅など）、ラインデータ（道路、河川など）、ポリゴンデータ（都道府県、湖など）の3つがあります（図2-1）。

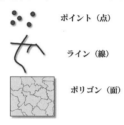

図2-1　ベクタデータ

ArcGISでは、それぞれのポイント、ライン、ポリゴンを「フィーチャ」と呼びます。そして、共通の主題（駅、河川など）を持つフィーチャの集合を、「フィーチャクラス」と呼びます。

一方、ラスタデータとは、縦・横に升目状に配列されたセルで表現したデータであり、各セルに値が入っています（図2-2）。連続的に変化する事象（標高、傾斜など）や土地利用などの表現に適しています。

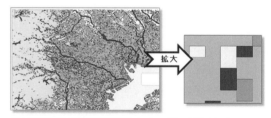

国土数値情報平成26年土地利用細分メッシュ（ラスタ版）データ

図2-2　ラスタデータ

空間データ選択のポイント

GISで扱う空間データを選択する際の主なポイントを以下にまとめます。

価格：

　無償と有償のデータがあります。後に紹介する基盤地図情報（国土地理院）、国土数値情報（国土交通省）、政府統計の総合窓口（総務省他）など公共データの多くは無償で提供されています。政府は、「オープンデータ」を推進しています。「オープンデータ」とは、機械判読に適したデータ形式で、二次利用が可能な利用ルールで公開されたデータのことです。以前は、購入するか、自作することでしか得られなかったデータが、無償で提供開始されている場合があるため、利用したい時点で最新のデータを確認します。

　民間のデータは有償で販売されているものが多く、無償のデータを集めて初心者が使いやすい形に加工したものもあります。

データモデル：

　ベクタデータ（ポイント、ライン、ポリゴン）、ラスタデータなどがあります。利用目的に適したデータモデルを選択します。

提供形式：

　GIS で使える形式か確認します。GIS で使える形式には、シェープファイル、Excel、テキスト（CSV など）などがあります。GIS で使えない形式で提供されていても、GIS で使える形式に変換できる場合があります。データの提供元が、GIS で使える形式に変換するツールを配布している場合もあります。

座標系：

　日本測地系、JGD 2000、WGS84、平面直角座標系など、座標系には様々な種類があります。複数の座標系で提供されている場合は、利用に適した座標系を選択します。データを入手した後に、利用に適した座標系に変換することができます。

提供形態：

　オンラインでダウンロードできるデータ、CDROM などオフラインで提供されているデータが

あります。

加工の必要性：

　座標変換、ジオコーディング、境界データとの結合などの加工が必要な場合があります。加工の必要性も考慮して、データを選択します。

空間データの主なダウンロードサービス

　無償で空間データを提供している主なダウンロードサービスを紹介します。ダウンロードサービスの情報は頻繁に更新されるため、利用時点で最新の情報を確認しましょう。

政府統計の総合窓口（e-Stat）

　政府統計の総合窓口（e-Stat）は、総務省統計局が中心となって整備し、独立行政法人統計センターが運用管理している政府統計のポータルサイトです。e-Stat の GIS 用の空間データは、ホームページ（https://www.e-stat.go.jp/）の「地図（統計 GIS）」をクリック→「地図で見る統計（統計 GIS）」（図 2-3）からダウンロードできます。

図 2-3　e-Stat の「地図で見る統計（統計 GIS）」

　ダウンロード可能な空間データは、国勢調査、経済センサス、事業所・企業統計調査、農林業センサスです（2022 年 3 月現在）。

　e-Stat の空間データを活用する際の主なポイントと注意点を以下に説明します。

・境界データはシェープファイルで提供されているため、ArcGIS ですぐに使えます。

・統計データ（テキストファイル）と境界データ（シェープファイル）が分かれているため、必要に応じて統計データを境界データに結合する作業

が発生します。統計データは境界データと結合できる形式に加工する必要があります。統計データと境界データの結合方法については、第9章および第10章で解説します。

- ダウンロードできる統計データは各統計表の主な項目に限られます。他の項目が必要な場合は、e-StatのGIS用ではない統計表を加工して境界データに結合する、あるいは（公財）統計情報研究開発センター（シンフォニカ）や民間企業から有償でデータを購入します。利用目的や申請資格が限られますが、東京大学空間情報科学研究センターの共同研究利用システム（JoRAS）の国勢調査データ（無償）を利用する方法もあります。

国土数値情報

国土数値情報（https://www.e-stat.go.jp/）は、国土交通省が無償で提供している国土に関する基礎的な空間データセットです（図2-4）。

図2-4 国土数値情報ダウンロードサービス

国土数値情報の空間データは、1. 国土（水・土地）、2. 政策区域、3. 地域、4. 交通、5. 各種統計のカテゴリーにわけられています。各カテゴリーの空間データを表2-1にまとめます。国土数値情報の活用のポイントは、第8章で解説します。

基盤地図情報

基盤地図情報（https://www.gsi.go.jp/kiban/）は、国土地理院が無償で提供している電子地図における位置の基準となる情報（基盤地図情報）です（図2-5）。

以下の基盤地図情報をダウンロードできます。

表2-1 国土数値情報

1. 国土 （水・土地）	・水域（海岸線、海岸保全施設、湖沼、流域メッシュ、ダム、河川） ・地形（標高・傾斜度3次、4次、5次メッシュ、低位地帯） ・土地利用（土地利用3次メッシュ、土地利用細分メッシュ、都市地域土地利用細分メッシュ、土地利用詳細メッシュ、森林地域、農業地域、都市地域、用途地域、立地適正化計画区域） ・地価（地価公示、都道府県地価調査）
2. 政策区域	行政区域、DID人口集中地区、中学校区、小学校区、医療圏、景観計画区域、景観計画区域、景観地区・準景観地区、景観重要建造物・樹木、歴史的風土保存区域、伝統的建造物群保存地区、歴史的風致維持向上計画の重点地区 ・大都市圏・条件不利地域（三大都市圏計画区域、過疎地域、振興山村、特定農山村地域、離島振興対策実施地域・統計情報、小笠原諸島・統計情報、奄美群島・統計情報、半島振興対策実施地域・統計情報、半島循環道路、豪雪地帯・気象データ・統計情報、特殊土壌地帯、密集市街地） ・災害・防災（避難施設、平年値（気候）メッシュ、竜巻等の突風等、土砂災害・雪崩メッシュ、土砂災害危険箇所、土砂災害警戒区域、地すべり防止区域、急傾斜地崩壊危険区域、洪水浸水想定区域、津波浸水想定、高潮浸水想定区域、災害危険区域）
3. 地域	・施設（国・都道府県の機関、市町村役場等及び公的集会施設、市区町村役場、公共施設、警察署、消防署、郵便局、医療機関、福祉施設、文化施設、学校、都市公園、上水道関連施設、下水道関連施設、廃棄物処理施設、発電施設、燃料給油所、ニュータウン、工業用地、研究機関、地場産業関連施設、物流拠点、集客施設、道の駅） ・地域資源・観光（都道府県指定文化財、世界文化遺産、世界自然遺産、観光資源、宿泊容量メッシュ、地域資源）
4. 交通	・保護保全（自然公園地域、自然保全地域、鳥獣保護区） 高速道路時系列、緊急輸送道路、道路密度・道路延長メッシュ、バス停留所、バスルート、鉄道、鉄道時系列、駅別乗降客数、交通流動量 駅別乗降客数、空港、空港時系列、空港間流通量、ヘリポート、港湾、漁港、港湾間流通量・海上経路、定期旅客航路 ・パーソントリップ・交通変動量（発生・集中量、OD量、貨物旅客地域流動量）
5. 各種統計	1kmメッシュ別将来推計人口（H29国政局推計）、500mメッシュ別将来推計人口（H29国政局推計）、1kmメッシュ別将来推計人口（H30国政局推計）、500mメッシュ別将来推計人口（H30国政局推計）

2021年12月現在

図2-5 基盤地図情報サイト

・基本項目（測量の基準点、海岸線、行政区画の境界線及び代表点、道路縁、軌道の中心線、標高点、水涯線、建築物の外周線、市町村の町若しくは字の境界線及び代表点、街区の境界線及び代表点）
・数値標高モデル（5 m メッシュ、10 m メッシュ）
・ジオイド・モデル

ファイル形式は JPGIS（GML）です。ArcGIS に直接読み込める形式ではありませんが、無償提供されている基盤地図情報ビューアを用いて、基本項目と数値標高モデルをシェープファイルに変換できます。

ESRI 社の全国市区町村界データ

ESRI 社は、ArcGIS ですぐに使える全国市区町村界のシェープファイルを無償で提供しています（図 2-6）。ESRI ジャパンのホームページ（https://www.gsi.go.jp/kiban/）のワード検索で「全国市区町村界データ」と検索すると見つけられます。ESRI 社の

図 2-6　ESRI ジャパンの全国市区町村界データ

全国市区町村界データには、各市区町村の人口と世帯数が含まれます。全国市区町村界データを都道府県単位にディゾルブすると、全国都道府県界データを作成できます。本データは、使用規定により、ArcGIS シリーズ以外のソフトウェアでは使用できないことに注意しましょう。

東京大学空間情報科学研究センターの共同研究利用システム（JoRAS）

東京大学空間情報科学研究センター (CSIS) では、研究に有益な空間データを整備しています。CSIS の共同研究利用システム（JoRAS）を通じて、研究者が申請し、承認を得れば無償でダウンロードして利用できます。詳細については、JoRAS のウェブページ（https://www.csis.u-tokyo.ac.jp/blog/research/joint-research/）を参照してください。

G 空間情報センター

G 空間情報センター（https://www.geospatial.jp/）は、産官学の様々な機関が保有する空間データを提供しています（図 2-7）。有償のデータもありますが、多種多様な空間データを無償でダウンロードできます。人気のデータセットに、国土交通省が主導する 3D 都市モデルの整備・活用・オープンデータ化プロジェクト Project PLATEAU（https://www.mlit.go.jp/plateau/）のデータがあります。

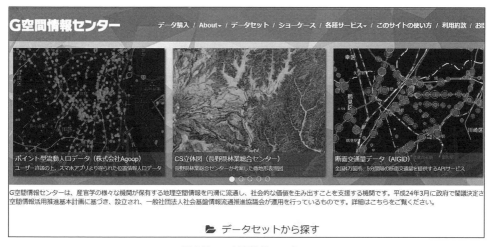

図 2-7　G 空間情報センター

第 3 章　ArcGIS Pro の基礎

解説：

ArcGIS Pro について

　ArcGIS Pro は、Esri 社の ArcGIS シリーズの高機能なデスクトップ GIS です。空間データを統合し、利活用するための一連の機能（情報の可視化、解析、作成、管理、出力、共有等）が実装されています。プロジェクトベースのワークフロー、2 D ／ 3 D ビジュアライゼーション、64 ビット サポート、マルチレイアウト対応等に特徴があります。また、ボタンやツールの内容が従来のアプリケーションである ArcMap よりもわかりやすいインターフェースになっています。

　ArcGIS Pro を使用するには、保守契約が有効な ArcGIS Desktop ライセンスを有すること、および ArcGIS Online の利用登録が完了していることが必要です。ArcGIS Pro 起動時には、オンラインになっている必要があります。はじめて利用する際は、起動する際に、オンラインでサイン インします。

　ArcGIS Pro のインストールは、Esri 社の My Esri から必要なファイルをダウンロードして、実行します。（所属組織の ArcGIS ライセンスを利用する場合は、所属組織の提供方法に従います。）

　ArcGIS Desktop には、基本的な機能を拡張する様々なエクステンション（Spatial Analyst、Network Analyst 等）があります。ArcGIS Pro を含む ArcGIS 製品およびエクステンションについては、Esri 社の製品ページ（https://www.esrij.com/products/）を参照してください。

シェープファイルとは

　本書では、ベクタデータをディスク上に格納するデータフォーマットとしては、原則としてシェープファイルを用います。シェープファイルは、Esri 社が策定したデータフォーマットですが、仕様が公開されているため、ArcGIS に限らず多くのソフトウェアで利用されています。GeoDa、MANDARA、QGIS、SIS 等の GIS ソフトウェアのみならず、統計解析言語・ソフトウェアの R 言語や Stata でもシェープファイルを読み込むことができます。

　シェープファイルは、複数のファイルから構成されています。拡張子が「.shp」、「.shx」、「.dbf」の 3 つは必須のファイルであり、どれか 1 つでも欠けているとシェープファイルとして認識されないので注意しましょう。表 3-1 に、シェープファイルの主な拡張子と対応するファイルの内容をまとめます。

表 3-1　シェープファイルの主な構成ファイル
（拡張子とその内容）

拡張子	ファイルの内容
. shp	図形の情報を格納する主なファイル。（必須ファイル）
. shx	図形のインデックス情報を格納するファイル。（必須ファイル）
. dbf	図形の属性情報を格納するテーブル。（必須ファイル）
. prj	座標系情報を格納するファイル。
. sbn / . sbx	空間インデックスを格納するファイル。
. xml	シェープファイルに関する情報を格納するメタデータ。

　たとえば、e-Stat からダウンロードした 2015 年国勢調査（小地域）の東京都港区境界データ（世界測地系平面直角座標系）のシェープファイルを見てみましょう。Windows のエクスプローラーで確認すると、図 3-1 のように表示されます。拡張子が「.dbf」、「.prj」、「.shp」、「.shx」の 4 つのファイルか

図 3-1　シェープファイルの例

ら構成されています。拡張子の前は同じファイル名（「h27ka13103」）で、拡張子だけが異なります。

　複数のファイルで構成されているシェープファイルですが、ArcGIS Pro 上では、拡張子が「.shp」と1つのファイル（あるいはレイヤー）として表示されます（図3-2）。本書では、シェープファイルを「ファイル名 .shp」と1つのファイルのように記述します。

図 3-2　ArcGIS Pro 上のシェープファイル

コラム：シェープファイルとジオデータベース

　シェープファイルを構成するファイルのサイズにはそれぞれ2GBの制限があります。フィールド名は、英数字は10文字まで、日本語は5文字まで（2バイト文字の場合）の制限もあります。ArcGISには、ジオデータベースというシェープファイルとは異なるデータフォーマットがあり、2GBを超えるデータや高度な編集機能の利用に適しています。本書では、基本的にジオデータベースは使わず、シェープファイルを利用します。シェープファイルは汎用性が高く、ArcGIS以外のソフトウェアやプログラムで利用できるためです。

シェープファイルの名前・保存場所の変更

　シェープファイルの名前を変更したい場合は、拡張子の前が同じファイル名をすべて変更します。図3-3のように、シェープファイルを構成するファイルが4つある場合は、4つすべてのファイル名（拡張子より前の部分）を変更します。

　シェープファイルの保存場所を変更する場合は、シェープファイルを構成するすべてのファイルを目的の場所に移動します。コピーする場合も、シェープファイルを構成するファイルすべてをコピーしま

しょう。

図 3-3　シェープファイル名の変更

　ArcGIS Pro の［カタログ］ウィンドウを使うと、シェープファイル（*.shp）を目的のフォルダーにコピーしたり、削除できます。別のフォルダーにコピーを作成したい場合は、シェープファイル名を右クリック→［コピー］を選択→コピー先のフォルダー名を右クリック→［貼り付け］を選択します。削除したい場合は、シェープファイル名を右クリック→［削除］を選択します。

アドバイス：データは階層の浅いフォルダーに保存しよう

　データは、「C:¥gisdata」のように、階層の浅いフォルダーに保存することを推奨します。すべての階層のフォルダー名が短い名前（できれば半角英数）であることもお勧めします。「C:¥長いフォルダー¥長いフォルダー¥長い　長いフォルダー¥長い　長い　長いフォルダー¥長い　長い　長い長いフォルダー」のように、階層が深かったり、フォルダー名が長かったり、フォルダー名にスペースが入っていると、ArcGISの動作がおかしくなったり、出力ファイルが作成されないことがあるからです。

アドバイス：わかりやすくデータを整理しよう

　使用するデータの種類や数が増えてくると、どこにデータがあるのかわからなくなります。ダウンロードしたシェープファイルは、一見何のデータかわからない名前のファイル名であることが少なくありません。たとえば図3-4は、国土数値情報からダウンロードした埼玉県の平成27年行政区域データのシェープファイルです。「N03-15_11_150101.shp」という名前からは、何のデータであるか推測することは困難です。

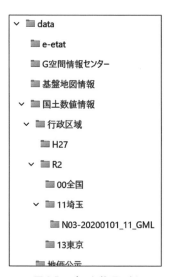

図 3-4　埼玉県の平成 27 年行政区域データ

図 3-6　ArcGIS Pro のプロジェクトファイル

そこで、データの保存場所や名前をわかりやすく整理しておくことを推奨します。たとえば、「C:¥data」フォルダーを作成します。その中に、図3-5 のように、ダウンロードサイト別にフォルダー作成→種類別にフォルダー作成→年次別にフォルダー作成→地域別にフォルダー作成→データを保存します。図 3-5 はあくまでも例ですので、使いやすいように工夫しましょう。

図 3-5　データ整理の例

データ整理は、早い段階から実行することを推奨します。ArcGIS Pro の作業途中でデータを移動したり、データの名前を変更したりすると、ArcGIS Proで参照できなくなるからです。

ArcGIS Pro のプロジェクト

ArcGIS Pro では、プロジェクトファイル（*.aprx）を作成します（図 3-6）。そのプロジェクトの中で、複数のマップやデータ、モデル、レイアウト等を一元的に管理します。

ArcGIS Pro のユーザーインターフェース

ArcGIS Pro の画面構成の例を図 3-7 に示します。デフォルトでは、リボン、[コンテンツ] ウィンドウ、ビュー、[カタログ] ウィンドウが表示されます。リボンの上にあるクイックアクセス ツールバーには、プロジェクトに対する [新規]、[開く]、[保存]、[元に戻す]、[やり直し] のボタンがあります。

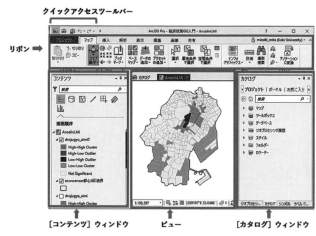

図 3-7　ArcGIS Pro の画面構成

リボン

ArcGIS Pro では、リボン インターフェースが採用されています。画面上部に配置されたリボンに、一連のタブと機能が表示されています。タブには、メイン タブとコンテキスト タブの 2 種類があります。コンテキスト タブは、実行・選択中の内容に応じて表示／非表示が切り替わるタブです（図3-8）。

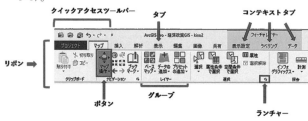

図 3-8　リボン インターフェース

［カタログ］ウィンドウ

ArcGIS Pro の［カタログ］ウィンドウは、プロジェクトに保存した各マップ、データ等を一元的に管理します。［カタログ］ウィンドウから、各マップ、データ等にアクセスできます（図 3-9）。

図 3-9　［カタログ］ウィンドウ

［カタログ］ウィンドウの「ツールボックス」と「データベース」には、それぞれプロジェクト名と同じ名前のツールボックス（*.tbx）とジオデータベース（*.gdb）が設定されます（図 3-10）。これらは、デフォルトのツールボックスとジオデータベースになります。

図 3-10　デフォルトのツールボックスとジオデータベース

［コンテンツ］ウィンドウとレイヤー

［コンテンツ］ウィンドウには、マップに追加したデータが表示されます。デフォルトの表示は、「描画順にリスト」です（図 3-11）。マップを作成すると、［コンテンツ］ウィンドウにそのマップ名が表示されます。マップの中に表示される個々のデータを「レイヤー」と呼びます。上部にあるレイヤーが、前面に表示されます。前面、背面の順序を変更したい場合は、レイヤーを上下にドラッ

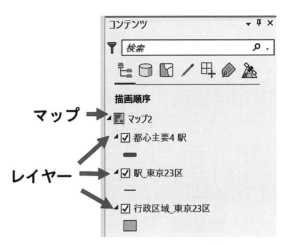

図 3-11　［コンテンツ］ウィンドウのマップとレイヤー

グします。

レイヤーは、レイヤー自体にデータが格納されているのではなく、ディスクに保存されているデータを参照します。したがって、［コンテンツ］ウィンドウからレイヤーを削除しても、ディスクに保存されている参照元のデータは削除されません。

表示方法は、図 3-12 に示すボタンで切り替えられます。

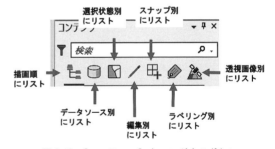

図 3-12　［コンテンツ］ウィンドウのボタン

ウィンドウの表示と配置

［コンテンツ］ウィンドウのタイトルバーには、［自動非表示］ボタンがついています（図 3-13）。

［自動非表示］ボタンをクリックすると、図 3-14 のように、ピンが横向きになります（ピンがはずれます）。そして、［コンテンツ］ウィンドウが自動的に非表示になります（図 3 15）。

非表示の［コンテンツ］をクリックすると、元に戻り、［コンテンツ］ウィンドウが開きます。［自

図 3-13　自動非表示ボタン（ピン縦向き）

図 3-14　自動非表示ボタン（ピン横向き）

図 3-15　非表示の［コンテンツ］ウィンドウ

動非表示］ボタンをクリックしてピンを縦向きに
戻すと（ピンがささります）、［コンテンツ］ウィ
ンドウがその場所に固定され、開いた状態になり
ます。

　ウィンドウのタイトルバーをドラッグすると、
ウィンドウの配置を変更できます。タイトルバーを
ドラッグすると、青色の影で表示され、ドッキング
ターゲットが表示されます（図 3-16）。各ターゲッ
トは、ウィンドウを配置できる画面の領域を表して
います。ドッキングしたいターゲットにポインター
を合わせてドロップすると、その場所にウィンドウ
が配置されます。ターゲット以外の場所でドロップ

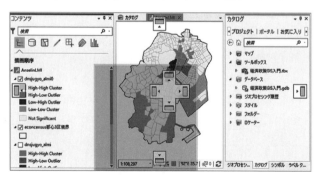

図 3-16　ウィンドウの配置とドッキング ターゲット

すると、ウィンドウがドッキングせずにフローティ
ング表示になります。

複数のビューを並べて表示

　ドッキング ターゲットを用いて、複数のビュー
を並べて表示することができます。複数のビュー
を開いている場合、ビューのタブをドラッグする
と、ドッキング ターゲットが表示されます。配置
したいターゲットの上にポインターを合わせてド
ロップすると、その場所にビューが配置されます。
図 3-17 は、2 つのビューを横に並べて表示した例
です。地図を相互に確認したい場合に便利です。

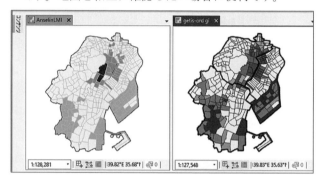

図 3-17　2 つのビューを並べて表示

　ビューは、マップのタブを右クリックして表示さ
れるリストから、表示・非表示の方法を変更できま
す（図 3-18）。たとえば、［新規タブグループを上
下に並べる］または［新規タブグループを左右に並
べる］を選択すると、上下または左右に並べて表示
できます。

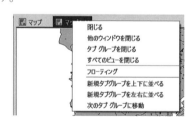

図 3-18　タブグループの表示・非表示方法の選択

ArcMap との互換性

　ArcMap のマップドキュメント（.mxd）は、次の
方法で ArcGIS Pro にインポートすることができま
す。リボンの［挿入］タブをクリックします。［プ
ロジェクト］グループで、［マップのインポート］

をクリックします。［インポート］で、インポートしたいマップドキュメント（.mxd）を選択し、［OK］をクリックします。インポートした後、ArcGIS Pro でプロジェクト ファイル（.aprx）に保存できます。なお、ArcGIS Pro のプロジェクト ファイルは、ArcMap では開けません。

ArcGIS Pro で作成したプロジェクト、マップ、レイヤー等の共有

　ArcGIS Pro では、作業内容を他のユーザーと共有する様々な仕組みが提供されています。たとえば ArcGIS Pro で作成したプロジェクト、マップ、レイヤーは、リボンの［共有］タブのそれぞれ［プロジェクト］、［マップ］、［レイヤー］ボタンをクリックし、パッケージを作成することで共有できます。

演習：人口分布図の作成

　「政府統計の総合窓口」（e-Stat）から国勢調査（小地域）の境界データをダウンロードし、人口分布図を作成します。その過程を通じて、ArcGIS Pro の基礎を学びます。（小地域とは、市区町村より小さい町丁・字等の空間単位です。）具体的には、次のステップで演習を行います。

1. データのダウンロード：e-Stat 国勢調査（小地域）
2. ArcGIS Pro の起動
3. マップの追加と名前の変更
4. データの追加方法 1：［データの追加］ボタンの利用
5. データ（レイヤー）の削除
6. データの追加方法 2：［カタログ］ウィンドウの利用
7. ビューのナビゲーション
8. 属性テーブルの確認と操作
9. ラベリング：町丁名を地図に表示
10. シンボルの変更
11. 人口分布図の作成
　　① 等級色（人口密度）：正規化を利用

　　② 等級色（人口密度）：フィールド演算を利用
12. 2 つのビューを並べて表示
13. レイヤー名の変更
14. ArcGIS Pro のプロジェクトの保存と終了

ステップ 1：データのダウンロード：e-Stat 国勢調査（小地域）

　「C:¥gis¥kiso」フォルダーを用意します。以降、データはこのフォルダー内に保存・作成することを前提として解説します。

　「政府統計の総合窓口」（e-Stat）のホームページ（https://www.e-stat.go.jp/）を開き「地図（統計 GIS）」をクリックします（図 3-19）。

図 3-19　e-Stat の「地図（統計 GIS）」

　「境界データダウンロード」をクリックします（図 3-20）。

図 3-20　境界データダウンロード

　「小地域」→「国勢調査」を選択します（図 3-21）。

　「2015 年」を選択します（図 3-22）。「小地域（町丁・字等別集計）」の「定義書」をクリックし、「境界データ定義書 .pdf」というファイル名で保存します。」

　「小地域（町丁・字等別）」→「世界測地系平面

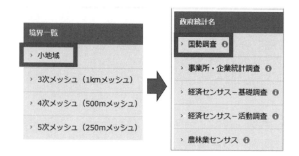

図 3-21　小地域の国勢調査を選択

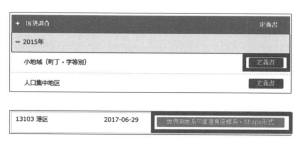

図 3-22　ダウンロードするデータ

直角座標系・Shape 形式」→「13 東京都」を選択します。港区の「世界測地系平面直角座標系・Shape 形式」（図 3-22）をクリックし、「港区境界 .zip」という名前で保存します。

「港区境界 .zip」を展開します。「h27ka13103」の名前がついた 4 つのファイルに展開されます。これら 4 つのファイルで、1 つのシェープファイルを構成しています（図 3-23）。

図 3-23　展開したデータ

ステップ 2：ArcGIS Pro の起動

　インターネットにつながっていることを確認します。（ArcGIS Pro は起動時にオンラインになっている必要があります。）ArcGIS Pro を起動します。

　［サイン イン］画面が表示された場合は、ArcGIS Online のアカウントのユーザー名とパスワードを入力し、［サイン イン］ボタンをクリックします（図 3-24）。（表示されない場合は、そのまま ArcGIS Pro が起動します。）

図 3-24　サイン イン画面

ArcGIS Pro が起動します。［空のテンプレート］パネルの［マップ］をクリックします（図 3-25）。

図 3-25　空のプロジェクトの作成

「このプロジェクトのための新しいフォルダーを作成」にチェックを入れた状態で、［場所］欄に「C:¥gis¥」、［名前］欄に「経済政策 GIS」と入力し、［OK］ボタンをクリックします（図 3-26）。

　プロジェクトが作成されます。

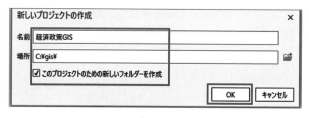

図 3-26　プロジェクトの作成

ステップ 3：マップの追加と名前の変更

　図 3-27 のような画面が表示されます。

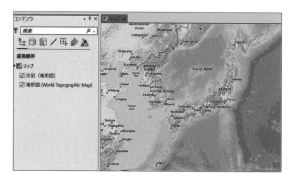

図 3-27　新しいマップの追加

　図 3-28 のように、［コンテンツ］ウィンドウの
［マップ］にレイヤー（「注記（地形図）」、「地形図
（World Topographic Map）」等）がある場合は、各レ
イヤーを右クリック→［削除］を選択します（図
3-29）。（これらの背景地図は、必要に応じて削除せ
ず、残しておいても構いません。）

図 3-28　新規マップ

図 3-29　レイヤーの削除

　［コンテンツ］ウィンドウの「マップ」をゆっく
りダブルクリックして、マップ名を「kiso」に変更
します（図 3-30）。

図 3-30　マップ名の変更

　［カタログ］ウィンドウの「マップ」フォルダー
を展開し、マップの「kiso」がリストされているこ
とを確認します（図 3-31）。

図 3-31　マップの確認

ステップ4：データの追加方法 1：［データの追加］ボタンの利用

　ArcGIS Pro にデータを追加するには、主に、①リ
ボンの［マップ］タブ→［データの追加］ボタンを
利用する方法と、②［カタログ］ウィンドウを使う

方法があります。まず、①の方法で ArcGIS Pro に
ステップ 1 でダウンロードした「h27ka13103.shp」
を追加してみましょう。

　リボンの［マップ］タブ→［データの追加］ボタ
ンクリックします（図 3-32）。

図 3-32　［データの追加］ボタン

　［データの追加］が開いたら、「h27ka13103.shp」
を選択し、［OK］ボタンをクリックします（図
3-33）。

図 3-33　データの追加

　［コンテンツ］ウィンドウに「h27ka13103」が
追加され、ビューに地図が描画されます（図
3-34）。

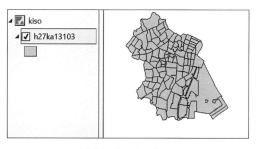

図 3-34　追加したデータ

ステップ5：データ（レイヤー）の削除

　［コンテンツ］ウィンドウの「h27ka13103」を
右クリック→［削除］を選択します。マップから
「h27ka13103.shp」のデータ（レイヤー）が削除さ
れます（図 3-35）。（マップからレイヤーを削除し
ても、ディスク上のデータは削除されません。）

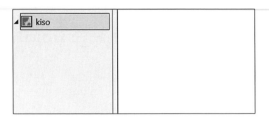

図 3-35　レイヤー削除後の画面

ステップ6：データの追加方法2：[カタログ]ウィンドウの利用

　[カタログ] ウィンドウの「フォルダー」を展開します。この状態では、「h27ka13103.shp」にアクセスできませんので、「h27ka13103.shp」が入っているフォルダーに接続をします。[カタログ] ウィンドウの「フォルダー」を右クリックし、[フォルダー接続の追加] をクリックします（図3-36）。

図 3-36　フォルダー接続の追加

　「h27ka13103.shp」が下層フォルダーに格納されている「gis」フォルダーを選択し（図3-37）、[OK] ボタンをクリックします。

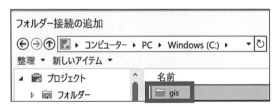

図 3-37　フォルダーに接続

　[カタログ] ウィンドウの「フォルダー」に「gis」が追加されます（図3-38）。

　「gis」フォルダーを展開し、「h27ka13103.shp」（図3-39）をビューにドラッグ＆ドロップします。（[カ

タログ] ウィンドウの「h27ka13103.shp」を右クリック→ [現在のマップに追加] を選択しても、マップに追加できます。）

図 3-38　フォルダー接続した「gis」

図 3-39　追加するデータ

　マップに「h27ka13103」が追加されます（図3-40）。

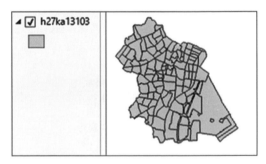

図 3-40　マップに追加した「h27ka13103.shp」

アドバイス：よく使うデータはフォルダーに接続しよう

　頻繁に使用するデータがある場合は、そのデータが格納されているフォルダー、あるいはその上層フォルダーに接続しておくと、アクセスしやすく便利です。フォルダーに接続するには、[カタログ]ウィンドウの「フォルダー」を右クリック→ [フォルダー接続の追加] をクリックするか、リボンの [挿入] タブ→ [フォルダーの追加] ボタンをクリックします（図3-41）。フォルダーに接続すると、[カタログ]ウィンドウの「フォルダー」に接続したフォルダーが表示されます。

図 3-41　［フォルダーの追加］ボタン

アドバイス：データが見あたらない場合は［更新］してみよう

　フォルダーにあるはずのデータが見あたらない場合は、フォルダーを右クリック→［更新］をクリックします（図 3-42）。それでも見あたらない場合は、ArcGIS Pro を再起動してみましょう。

図 3-42　フォルダーの更新

ステップ 7：ビューのナビゲーション

　リボンの［マップ］タブの［ナビゲーション］グループのボタンを使うと、ビューのナビゲーションができます。よく使うボタンを図 3-43 と図 3-44 に示します。それぞれクリックして、ビューのナビゲー

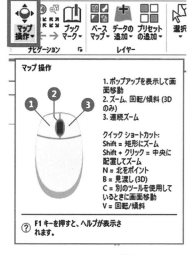

図 3-43　マップ操作

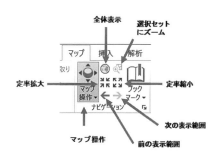

図 3-44　マップのナビゲーション関連ボタン

ションを実践してみましょう。

ステップ 8：属性テーブルの確認と操作

　［コンテンツ］ウィンドウの「h27ka13103」を右クリック→［属性テーブル］を選択します。「h27ka13103」の属性テーブルが開きます。テーブルのレコード（行）左端の灰色の四角部分をクリックしてレコードを選択すると、選択されたレコードが水色でハイライト表示されます。「Ctrl」キーまたは「Shift」キーを押しながら選択すると、複数のレコードを選択できます。選択レコードに対応するフィーチャは、ビューの地図上でアウトラインが水色のハイライトで表示されます（図 3-45）。

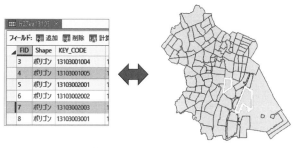

図 3-45　選択したレコードとフィーチャの連動

　テーブル上部の［選択セットの解除］ボタンをクリックし、選択を解除します（図 3-46）。

図 3-46　［選択セットの解除］ボタン

　属性テーブルのフィールド（列）名の意味を確認するために、ダウンロードした「境界データ定義書 .pdf」を開きます。定義書の「フィールド

名」が属性テーブルのフィールド名に対応します。「AREA」は面積（m²）、「MOJI」は町丁・字等名称、「JINKO」は人口であることを確認します（図3-47）。

No.	フィールド名	項目内容
1	KEY_CODE	図形と集計データのリンクコード
・・・		
10	AREA	面積(m²)
・・・		
29	MOJI	町丁・字等名称
30	KBSUM	基本単位区（調査区）数
31	JINKO	人口

図3-47　境界データの定義書

ステップ9：ラベリング：町丁名を地図に表示

属性テーブルの「MOJI」フィールドに町丁名が入っていることを確認します（図3-48）。（町丁・字等名称は、「S_NAME」にも格納されています。）テーブル名のタブの「×」印をクリックしてテーブルを閉じます。

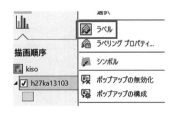

図3-48　「MOJI」フィールド（町丁名）

[コンテンツ]ウィンドウの「h27ka13103」をクリックして選択します。この状態で、リボンの［ラベリング］タブを選択します（図3-49）。［ラベルクラス］グループの［フィールド］で「MOJI」を選択し、［テキストシンボル］グループのフォントサイズで「5」を選択するか入力します。［ラベル］ボタンをクリックします。

地図に町丁名が表示されます（図3-50）。［ラベリング］タブでは、ラベルの表示縮尺範囲、テキストのシンボル等を設定できますので、いろいろと試

図3-49　ラベリングの設定

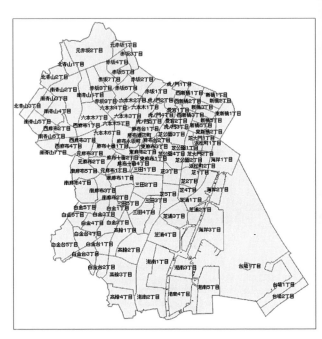

図3-50　町丁名のラベル表示

してみましょう。

［ラベリング］タブで設定したラベルは、［コンテンツ］ウィンドウのレイヤー（「h27ka13103」）を右クリック→［ラベル］をクリックすることで、表示と非表示を切り替えられます（図3-51）。次のステップに進む前に、ラベルを非表示にしておきます。（［ラベリング］タブの［ラベル］ボタンをクリックすることでも、表示と非表示を切り替えられます。）

図3-51　ラベルの表示／非表示

ステップ10：シンボルの変更

［コンテンツ］ウィンドウの「h72ka13103」レイヤーのシンボルをクリックします（図3-52）。

図 3-52　レイヤーのシンボル

［シンボル］が開いたら、［プロパティ］をクリックし、［表示設定］の［色］で白、［アウトライン］で灰色を選択します（図 3-53）。［適用］ボタンをクリックします。

図 3-53　［シンボル］の設定

図 3-54 のように、ビューにシンボル変更後の地図が表示されます。

図 3-54　シンボル変更後の地図

ステップ 11：人口分布図の作成

次に、等級色を用いて、人口分布図を作成してみましょう。国勢調査（小地域）のように各領域（町丁）の面積が異なるデータは、人口総数ではなく、人口密度で人口分布図を作成します。人口総数を用いると、町丁の面積の大小により、人口を過大・過小評価してしまうからです。

本演習では、等級色を用いて、①正規化を利用した人口密度、②フィールド演算を利用した人口密度

の地図を作成します。

① 等級色（人口密度）：正規化を利用

まず、正規化を用いて人口密度を等級色で表示する人口分布図を作成してみましょう。はじめに、「h27ka13103」レイヤーを複製します。［コンテンツ］ウィンドウの「h27ka13103」を右クリック→［コピー］を選択します（図 3-55）。［コンテンツ］ウィンドウの［kiso］（マップ名）を右クリック→［貼り付け］を選択します（図 3-56）。［kiso］マップにコピーした「h27ka13103」が追加されます（図 3-57）。

図 3-55　レイヤーのコピー

図 3-56　レイヤーの貼り付け

図 3-57　複製した「h27ka13103」

［コンテンツ］ウィンドウの上の「h27ka13103」レイヤーをクリックして選択します。レイヤーを選択すると、リボンに［表示設定］タブが表示されます。［表示設定］タブの［シンボル］ボタンのプルダウンメニューから、［等級色］を選択します（図 3-58）。

［シンボル］が開いたら、次のように設定します（図 3-59）。［シンボル］で「等級色」が選択されていることを確認します。［フィールド］で「JINKO」、［正規化］で「AREA」（面積（m^2））を選択します。（［正規化］で「AREA」を設定すると、「JINKO/AREA」となります。）［手法］はデフォルトの「自然分類」とします。［クラス］は「5」、［配色］は等級色に適した色を選びます。

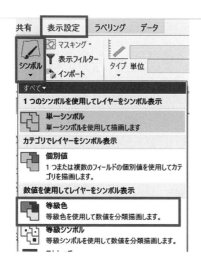

図 3-58　等級色

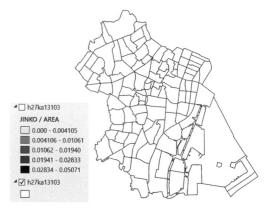

図 3-61　レイヤーの非表示

背面の下の「h27ka13103」レイヤー（単一シンボル）の地図が表示されます（図3-61）。再度、上の「h27ka13103」レイヤーのチェックボックスをオンにして、地図を表示させます（図3-62）。

図 3-59　シンボルの設定：正規化を使用（JINKO/AREA）

正規化（JINKO/AREA）を使用した人口密度の等級色の地図がビューに表示されます（図3-60）。

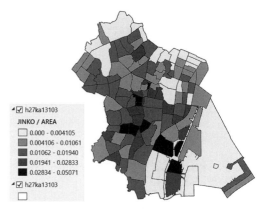

図 3-62　レイヤーの表示

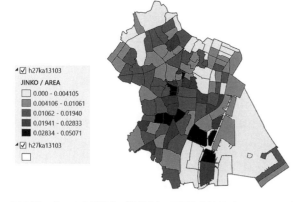

図 3-60　人口の空間分布（等級色）：正規化を使用（JINKO/AREA）

［コンテンツ］ウィンドウは描画順で表示されています。上の「h27ka13103」レイヤー（等級色）のチェックボックスをオフにすると、非表示になり、

② 等級色（人口密度）：フィールド演算を利用

図3-62の人口密度は、1平方メートル当たりの人口です。そのため、0以下の数字になり、人口密度を表す数値として適切ではありません。そこで、1平方キロメートル当たりの人口を計算し、地図にしてみましょう。その方法は複数ありますが、ここでは、テーブルにフィールドを追加→フィールド演算を用いて1平方キロメートル当たりの人口を計算→そのフィールドを用いて等級色のシンボル表示をするという流れで地図を作成します。

リボンの［挿入］タブの［新しいマップ］ボタン

をクリックします。新しいマップが開きます。［コンテンツ］ウィンドウの［マップ］にレイヤー（「注記（地形図）」、「地形図（World Topographic Map）」等）がある場合は、各レイヤーを右クリック→［削除］します。

　［コンテンツ］ウィンドウの「マップ」をゆっくりダブルクリックし、名前を「kiso2」に変更します。［カタログ］ウィンドウの「マップ」を展開し、「kiso」と「kiso2」がリストされていることを確認します（図3-63）。

図 3-63　「kiso」と「kiso2」マップ

　ビューの「kiso」タブをクリックします。アクティブなマップが「kiso」に切り替わります（図3-64）。［コンテンツ］ウィンドウの下の「h27ka13103」を右クリック→［コピー］をクリッ

図 3-64　「kiso」マップ

クします。

　ビューの「kiso2」タブをクリックし、アクティブにします（図3-65）。［コンテンツ］ウィンドウの［kiso2］（マップ名）を右クリック→［貼り付け］を選択します。［kiso2］にコピーした「h27ka13103」が追加されます（図3-65）。

　［コンテンツ］ウィンドウの「h27ka13103」を右クリック→「属性テーブル」を選択します。テーブル上部の［フィールドの追加］ボタンをクリックします（図3-66）。

　［フィールド名］で「DENSITY」と入力します。［データタイプ］では「Long」（長整数）を選択し

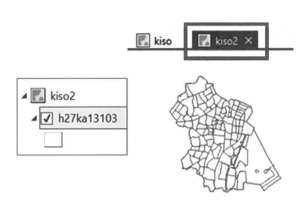

図 3-65　「kiso2」マップに追加した「h27ka13103」

図 3-66　［フィールドの追加］ボタン

ます（図3-67）。リボンの［フィールド］タブの［保存］ボタンをクリックします（図3-68）。

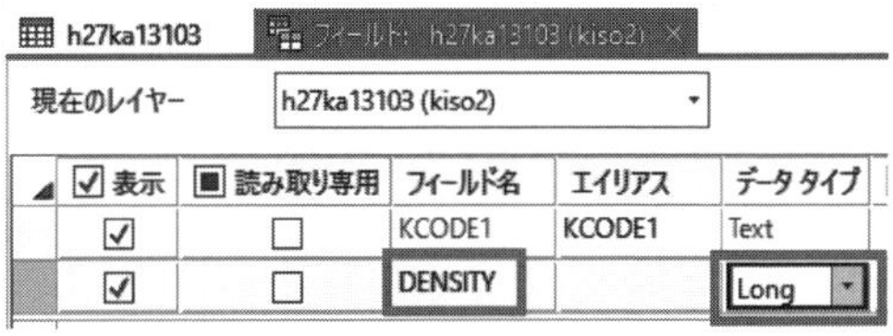

図 3-67　「DENSITY」フィールドの追加

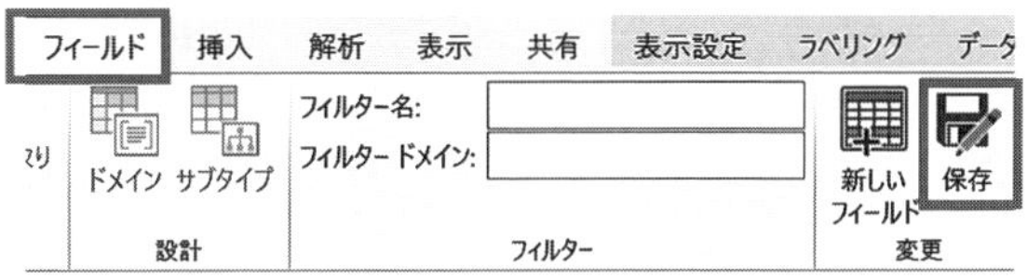

図 3-68　［保存］ボタン

　「h27ka13103」テーブルのタブをクリックし、テーブル右端に「DENSITY」フィールドが追加されたことを確認します（図3-69）。

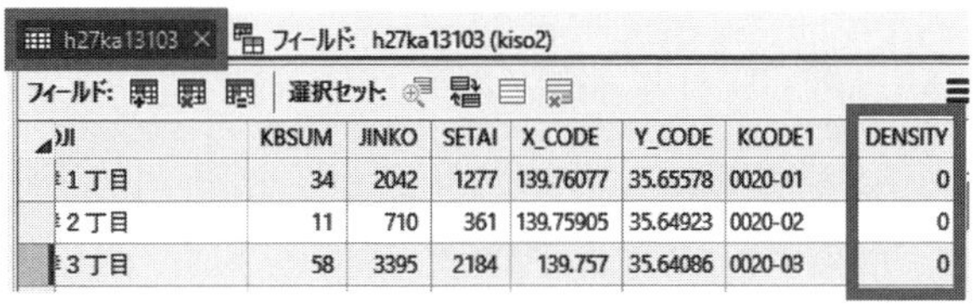

図 3-69　「DENSITY」フィールド

　「DENSITY」をクリックし選択します。テーブル上部の［フィールド演算］ボタンをクリック

24

します（図3-70）。（あるいは、「DENSITY」の名前の上で右クリック→［フィールド演算］を選択します。）

図3-70 ［フィールド演算］ボタン

［フィールド演算］が起動したら、次のように設定します（図3-71）。［フィールド］一覧から「JINKO」を選んでダブルクリックします。演算式を入力する空白欄に「!JINKO!」と自動的に入力されます。続いて、［/］をクリック→［フィールド］一覧の「AREA」をダブルクリック→［*］をクリック→半角で「1000000」と入力します。演算式に「!JINKO! / !AREA! * 1000000」と入力されます。（手入力でも構いませんが、上記の要領で入力すると入力ミスを減らせます。）［OK］ボタンをクリックします。

図3-71 フィールド演算の設定

フィールド演算の結果、人口密度（人口／km²）が「DENSITY」に格納されます（図3-72）。

図3-72 フィールド演算後の「DENSITY」（人口／km²）

開いている2つのテーブル（「フィールド：h27ka13103」および「h27ka13103」）のタブの「×」をそれぞれクリックしてテーブルを閉じます。

［コンテンツ］ウィンドウの「h27ka13103」をクリックします。リボンの［表示設定］タブの［シンボル］ボタンのプルダウンメニューから、［等級色］を選択します。

［シンボル］が開いたら、次のように設定します（図3-73）。［シンボル］で「等級色」が選択されていることを確認します。［フィールド］で「DENSITY」を選択します。［手法］はデフォルトの「自然分類」、［クラス］は「5」とします。［配色］は前回と同じ等級色に適した色を選びます。

図3-73 ［シンボル］の設定（「DENSITY」）

「DENSITY」（人口／km²）を用いた等級色の地図がビューに表示されます（図3-74）。

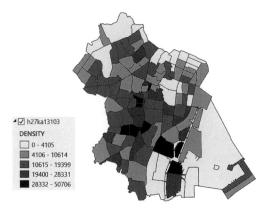

図3-74 人口の空間分布（等級色）：「DENSITY」（人口／km²）を使用

ステップ12：2つのビューを並べて表示
「kiso2」ビューのタブをドラッグし、ドッキング

ターゲットで右側のターゲットにポインターを合わせてドロップします（図 3-75）。

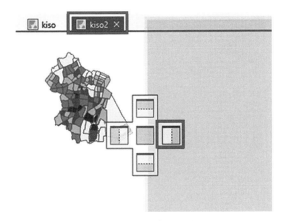

図 3-75　ドッキング ターゲット

「kiso」と「kiso2」が並べて表示されます（図 3-76）。両方の地図を見比べてみましょう。単位が異なるだけですので、色分けが同じ地図になっています。

図 3-76　「kiso」と「kiso2」を並べて表示

ステップ 13：レイヤー名の変更

レイヤー名は変更できます。「kiso2」マップの［コンテンツ］ウィンドウの「h27ka13103」をゆっくりダブルクリックし、レイヤー名を「人口密度（人口 / km2）」に変更してみましょう（図 3-77）。ただし、レイヤー名を変更しても、ディスクに保存されている参照元のデータ名は変更されません。

図 3-77　レイヤー名の変更

ステップ 14：ArcGIS Pro のプロジェクトの保存と終了

クイックアクセス ツールバーの［保存］ボタンをクリックして（図 3-78）、プロジェクトを保存します。

図 3-78　保存ボタン

［プロジェクト］タブをクリック→［保存］または［名前を付けて保存］をクリックしても、保存できます（図 3-79）。

図 3-79　［保存］と［名前を付けて保存］

［プロジェクト］タブをクリック→［終了］を選択、あるいは ArcGIS Pro のタイトルバー右端の「×」印をクリックして、ArcGIS Pro を閉じます。

アドバイス：レイヤーの参照元の修正

マップのレイヤーは、ディスクやネットワーク上のデータを参照しています。データを移動したり削除したりすると、参照できなくなり、レイヤーに赤い感嘆符がつきます（図 3-80）。参照先を修正したい場合は、赤い感嘆符をクリックします。［データソースの変更］が開いたら、正しい参照先のデータを設定します。次の方法でも修正できます。レイヤーを右クリック→［プロパティ］を選択します。［ソース］タブをクリック→［プロパティ］が開いたら

［ソース］タブをクリック→［データソースの設定］
ボタンを選択します。

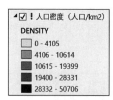

図 3-80　不明な参照元データ

練習問題

　e-Stat から東京都港区以外の国勢調査（小地域）
の境界データをダウンロードして、人口分布図を作
成してみましょう。等級色（人口密度）を用いて、
①正規化（JINKO/AREA）を利用した場合、②フィー
ルド演算（人口 / km²）を利用した場合の地図を別々
のマップに作成して、ビューを左右に並べて表示さ
せ、比較してみましょう。

第4章　空間参照と座標系

空間参照と座標系

　空間参照と座標系は、GISを扱う上で重要なポイントです。本章ではまず、GISで空間データを正しく表現・解析するために重要な空間参照と座標系のポイントを解説します。次に、実際のデータを使った演習を行い、ArcGIS Proで空間参照と座標系を扱うポイントを習得します。

解説：

空間参照：直接参照と間接参照

　「空間参照」とは、空間情報を地球上の位置と関連付けることです。空間参照は、大きく分けて「座標による空間参照」（直接参照）と「地理識別子による空間参照」（間接参照）の2つがあります。直接参照では、座標を用いて地球上の位置を直接的に参照します。「座標」とは、位置を表すための数値の組で、緯度経度座標や平面直角（XY）座標などがあります。一方、間接参照では、地理識別子（住所、郵便番号、地番等）を用いて地球上の位置を間接的に参照します。東京都庁の位置情報を直接参照と間接参照で表した例を以下に示します。

（例）東京都庁の位置情報

　・直接参照：緯度 35.689634　経度 139.692101
　・間接参照：東京都新宿区西新宿 2-8-1

座標系：地理座標系と投影座標系

　「座標系」とは、座標を用いて空間情報を地球上の位置と関連付けるための取り決めのことで、座標の種類・原点・座標軸などの総称です。座標系には、大別して「地理座標系」と「投影座標系」があります。

　「地理座標系」とは、3次元である地球上の位置を緯度と経度で表す座標系です（図4-1）。緯度経度は地球の重心からの角度で表すため、座標値の単位は角度になります。

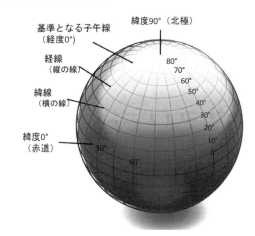

図4-1　地理座標系（緯度経度）

　緯度とは、その地点における天頂の方向と赤道面とのなす角度です。緯度値は赤道を基準（0度）として計測され、南極点の−90度から北極点の+90度までを範囲とします。経度とは、英国グリニッジを通る子午線となす角度です。グリニッジ子午線を基準（0度）として計測され、西方向の−180度から東方向の+180度までを範囲とします。同じ緯度を結んだ横の線を緯線、同じ経度を結んだ縦の線を経線といいます。緯度値と経度値は10進表記の度単位、または度、分、秒（DMS）単位で計測します。

　GISを扱う上で重要なポイントは、地理座標系は単位が角度であるため、距離や面積を正確に計測できないことです。経線は赤道から離れるほど間隔が狭くなるため、同じ1度間隔でも距離が異なります。たとえばClarke1866回転楕円体の場合、赤道での経度1°は111.3 kmに相当するのに対し、緯度60°では55.8 kmにすぎません。緯線においても、同じ1度間隔であっても緯度により距離（子午線弧長）

が異なります。そのため、GIS で距離や面積の計算をしたり、空間分析を行ったりする場合は、地理座標系（緯度経度）ではなく、次に説明する投影座標系を使います。

「投影座標系」とは、3 次元である球体の地球に光をあて、地球の影を 2 次元の一平面上に投影して XY 座標で表した座標系です。平面に投影しているため、座標値の単位はメートルなどの長さとなり、面積や距離を計算できるようになります。「投影法」とは、球体の地球を、いかに平面（地図）に表現するかという方法です。しかし、球体である地球を平面に投影するため、面積・距離・角度・形状を同時に正確に表現することはできず、何らかの歪みが生じます。その歪みを小さくするために、様々な投影法が開発されてきました。

表 4-1 は、国土地理院が刊行している地図の投影法をまとめたものです。縮尺 2,500 分の 1、5,000 分の 1 といった大縮尺の地図では横メルカトル図法（平面直角座標系）が使われています。ここでの大縮尺の地図とは、比較的詳細な地図のことです。縮尺率を、分子を 1 とした分数で表す場合、分母が小さいものを大縮尺、大きいものを小縮尺といいます。地図を拡大していくと縮尺が大きくなり、縮小していくと縮尺が小さくなります。大縮尺、小縮尺を区分する明確な基準はありませんが、一般に、大縮尺の地図とは 1 万分の 1 より詳細なもの、小縮尺の地図とは 10 万分の 1 より広域を示すもの、中縮尺の

表 4-1 国土地理院の地図と投影法

縮尺	地図の種類	投影法
縮尺が大きい	1:2,500国土基本図	横メルカトル図法（平面直角座標系）
	1:5,000国土基本図	
	1:10,000地形図	ユニバーサル横メルカトル図法（ガウス・クリューゲル図法 UTM座標系）※一部例外があります。
	1:25,000地形図	
	1:50,000地形図	
	1:200,000地勢図	
	1:500,000地方図	正角割円錐図法（2標準緯線）
	1:1,000,000国際図	
	1:1,000,000日本	
縮尺が小さい	1:3,000,000日本とその周辺	斜軸正角割円錐図法（2標準線）
	1:5,000,000日本とその周辺	正距方位図法（投影中心は東京）
	地理院地図（旧電子国土ポータル）	Web Mercator投影法

地図とは両者の中間の 1 万分の 1 から 10 万分の 1 程度のものとなります。

ArcGIS Pro で使用可能な座標系は、図 4-2 に示すフォルダーに格納されています。最上位フォルダーに、「地理座標系」と「投影座標系」があり、それぞれに属する座標系が格納されています。

図 4-2 ArcGIS Pro で使用可能な座標系

地理座標系：日本測地系と世界測地系

地理座標系は、緯度経度で表す座標系です。地球上の位置を緯度経度および標高の座標で表すための基準を「測地系（測地基準系）」といい、地球の形に近い回転楕円体で定義されます。緯度経度は、この回転楕円体（地球楕円体）の上で表示されます。測地測量の基準として用いる地球楕円体は、準拠楕円体とも呼ばれます。

日本の測地系には、大きく分けて「日本測地系」と「世界測地系」があります。「日本測地系」は、日本だけで使用されている日本独自の測地系です。明治時代に全国の正確な 5 万分の 1 地形図を作成するために整備され、平成 14（2002）年の改正測量法の施行日まで使用されていました。

これに対して「世界測地系」は、世界的な整合性を持たせて構築された緯度経度の測定の基準で、世界で共通に利用されている世界標準の測地系です。日本では、平成 14（2002）年 4 月にすべての基本測量および公共の測量が世界測地系に移行しました。

重要なポイントは、世界測地系は、概念としては 1 つですが、いろいろな種類があることです。日本の世界測地系には、「日本測地系 2000（JGD 2000）」（測地成果 2000 に基づく座標系）と「日本測地系 2011（JGD 2011）」（測地成果 2011 に基づく座標系）があります。いずれも日本測地系という名前

がついていますが、日本測地系ではなく、世界測地系であることに注意しましょう。日本測地系 2000（JGD2000）という名前がついているのは、日本の測地系であること、および 2000 年初頭に構築されたことに由来します。日本測地系 2011（JGD2011）は、2011 年の東北地方太平洋沖地震によって生じた地殻変動を考慮した日本の改訂版世界測地系です。

その他、日本を含め、世界で広く使われている世界測地系に「WGS 1984（WGS 84）」があります。WGS はアメリカの世界測地系です。WGS84 は、1984 年に大改訂された WGS です。WGS 84 は、高精度・継続性よりもリアルタイム性を重視する分野に適した世界測地系で、GPS に使われています。Google Map でも、WGS 84 が採用されています。

日本で使われる主な地理座標系を表 4-2 にまとめます。

表 4-2　主な地理座標系

日本/世界測地系	測地基準系
日本測地系	日本測地系
世界測地系	日本測地系 2000（JGD 2000）
世界測地系	日本測地系 2011（JGD 2011）
世界測地系	WGS 1984（WGS 84）

緯線と経線は、たとえていえば地球を測る「ものさし」のようなものです。地理座標系が異なると、この「ものさし」のあてかたが異なるため、同じ緯度経度でも場所がずれます。日本測地系と世界測地系ではそのずれが比較的大きく、日本測地系の緯度経度の地点を、世界測地系である日本測地系 2000（JGD2000）の緯度経度で表すと、東京付近では緯度が約 + 12 秒、経度が約 − 12 秒ずれます。距離に換算すると、北西方向へ約 450 メートルずれます。

ArcGIS Pro では、表 4-2 の「日本測地系」、「日本測地系 2000（JGD 2000）」、「日本測地系 2011（JGD 2011）」は、図 4-3 に示すように、「地理座標系」→「アジア」フォルダーに格納されています。

表 4-2 の「WGS 1984」は、図 4-4 に示すように、「地理座標系」→「世界」フォルダーに格納されています。

ArcGIS Pro では、日本測地系と世界測地系のように異なる地理座標系であっても、自動変換して正し

い位置で重ねて表示します。ただし、後述するように、複数のデータに対して編集・解析を行う場合は、同一の投影座標系に統一しておくことを推奨します。

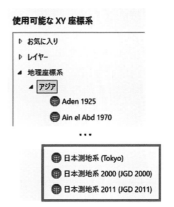

図 4-3　ArcGIS Pro の座標系フォルダー構造：日本の地理座標系

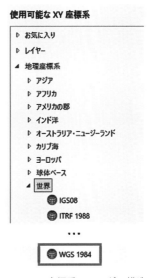

図 4-4　ArcGIS Pro の座標系フォルダー構造：WGS 1984

投影座標系

日本でよく使われる投影座標系には、平面直角座標系、UTM 座標系、Web メルカトルがあります。これらについて、個別に解説します。

平面直角座標系

平面直角座標系は、ガウス・クリューゲルの等角投影法（正角図法）を用いた日本固有の投影座標系です。日本付近に 19 個の原点を置いて、それぞれ

の原点からの距離をメートル単位で計測し、位置や形状を表現します。主に大縮尺の地図（詳細な地図）に採用されており、国土地理院発行の縮尺 1:2,500 ～ 1:5,000 の国土基本図に使用されています。座標値は、原点から東および北方向が＋（プラス）、西および南方向が－（マイナス）の値になります。日本のどの場所がどの系に入るかは、表4-3を参照してください。たとえば東京都千代田区は、平面直角座標系 第9系に入ります。

ArcGIS Pro では、平面直角座標系は、図4-5 に示すように、「投影座標系」→「各国の座標系」→「日本」フォルダーに格納されています。同じ「平面直角座標系 第○系」に対し、地理座標系が「(JGD 2000)」（日本測地系 2000）、「(JGD 2011)」（日本測地系 2011）、「(Tokyo)」（日本測地系）の3種類があります。

UTM 座標系

UTM 座標系は、UTM 図法（ユニバーサル横メルカトル図法）を使用して、地球全域を経度6度ごとに60のゾーン（経度帯）に分割して投影した投影

図4-5 ArcGIS Pro の座標系フォルダー構造：平面直角座標系

表4-3 平面直角座標系

系番号	座標系原点の経緯度		適用区域
	経度（東経）	緯度（北緯）	
1	129 度 30 分 0 秒 0000	33 度 0 分 0 秒 0000	長崎県 鹿児島県のうち北方北緯 32 度南方北緯 27 度西方東経 128 度 18 分東方東経 130 度を境界線とする区域内（奄美群島は東経 130 度 13 分までを含む。）にあるすべての島、小島、環礁および岩礁
2	131 度 0 分 0 秒 0000	33 度 0 分 0 秒 0000	福岡県 佐賀県 熊本県 大分県 宮崎県 鹿児島県（I 系に規定する区域を除く。）
3	132 度 10 分 0 秒 0000	36 度 0 分 0 秒 0000	山口県 島根県 広島県
4	133 度 30 分 0 秒 0000	33 度 0 分 0 秒 0000	香川県 愛媛県 徳島県 高知県
5	134 度 20 分 0 秒 0000	36 度 0 分 0 秒 0000	兵庫県 鳥取県 岡山県
6	136 度 0 分 0 秒 0000	36 度 0 分 0 秒 0000	京都府 大阪府 福井県 滋賀県 三重県 奈良県 和歌山県
7	137 度 10 分 0 秒 0000	36 度 0 分 0 秒 0000	石川県 富山県 岐阜県 愛知県
8	138 度 30 分 0 秒 0000	36 度 0 分 0 秒 0000	新潟県 長野県 山梨県 静岡県
9	139 度 50 分 0 秒 0000	36 度 0 分 0 秒 0000	東京都（14 系、18 系および 19 系に規定する区域を除く。） 福島県 栃木県 茨城県 埼玉県 千葉県 群馬県 神奈川県
10	140 度 50 分 0 秒 0000	40 度 0 分 0 秒 0000	青森県 秋田県 山形県 岩手県 宮城県
11	140 度 15 分 0 秒 0000	44 度 0 分 0 秒 0000	小樽市 函館市 伊達市 北斗市 北海道後志総合振興局の所管区域北海道胆振総合振興局の所管区域のうち豊浦町、壮瞥町および洞爺湖町 北海道渡島総合振興局の所管区域 北海道檜山振興局の所管区域
12	142 度 15 分 0 秒 0000	44 度 0 分 0 秒 0000	北海道（XI 系および XIII 系に規定する区域を除く。）
13	144 度 15 分 0 秒 0000	44 度 0 分 0 秒 0000	北見市 帯広市 釧路市 網走市 根室市 北海道オホーツク総合振興局の所管区域のうち美幌町、津別町、斜里町、清里町、小清水町、訓子府町、置戸町、佐呂間町および大空町 北海道十勝総合振興局の所管区域 北海道釧路総合振興局の所管区域 北海道根室振興局の所管区域
14	142 度 0 分 0 秒 0000	26 度 0 分 0 秒 0000	東京都のうち北緯 28 度から南であり、かつ東経 140 度 30 分から東であり東経 143 度から西である区域
15	127 度 30 分 0 秒 0000	26 度 0 分 0 秒 0000	沖縄県のうち東経 126 度から東であり、かつ東経 130 度から西である区域
16	124 度 0 分 0 秒 0000	26 度 0 分 0 秒 0000	沖縄県のうち東経 126 度から西である区域
17	131 度 0 分 0 秒 0000	26 度 0 分 0 秒 0000	沖縄県のうち東経 130 度から東である区域
18	136 度 0 分 0 秒 0000	20 度 0 分 0 秒 0000	東京都のうち北緯 28 度から南であり、かつ東経 140 度 30 分から西である区域
19	154 度 0 0 秒 0000 分	26 度 0 分 0 秒 0000	東京都のうち北緯 28 度から南であり、かつ東経 143 度から東である区域

国土地理院（http://www.gsi.go.jp/LAW/heimencho.html）を基に作成

座標系です。日本付近は 51 〜 56 帯に入ります（表 4-4、図 4-6）。主に中縮尺の地図に採用されており、国土地理院発行の縮尺 1:10,000 〜 1:200,000 の地形図・地勢図に使用されています（表 4-1）。

ArcGIS Pro では、表 4-4 の UTM 座標系は、図 4-7 に示すように、「投影座標系」→「UTM 座標系」→「アジア」フォルダーに格納されています。同じ「UTM 座標系 第○帯 N」に対し、地理座標系が「（JGD 2000）」（日本測地系 2000）、「（JGD 2011）」（日本測地系 2011）、「（Tokyo）」（日本測地系）の 3 種類があります。

表 4-4　日本の UTM ゾーンの範囲

帯（ゾーン）	中央子午線（東経）	範囲（東経）
51	123 度	120−126 度
52	129 度	126−132 度
53	135 度	132−138 度
54	141 度	138−144 度
55	147 度	144−150 度
56	153 度	150−156 度

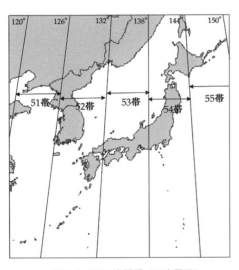

図 4-6　UTM 座標系（日本周辺）

Web メルカトル

Web メルカトルは、Web の地図で標準的に用いられている投影座標系です。Google Map で採用されていることでも知られています。ArcGIS Pro では、WGS 1984 Web メルカトル（球体補正）がデフォルトの座標系に設定されています。

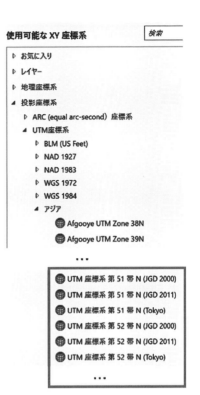

図 4-7　ArcGIS Pro の座標系フォルダー構造：UTM 座標系

ArcGIS Pro では、WGS 1984 Web メルカトル（球体補正）は、図 4-8 に示すように、「投影座標系」→「世界範囲の座標系（WGS 1984）」フォルダーに格納されています。

図 4-8　ArcGIS Pro の座標系フォルダー構造：Web メルカトル図法（球体補正）

ArcGIS Pro での座標系の扱いのポイント

データの座標系の定義

　ArcGIS Pro で空間データを正しく表示・解析するためには、データに正しい座標系が定義されていることが重要です。データに座標系が定義されていない、あるいは誤った座標系で定義すると、地図がマップ上の正しい位置に表示されず、間違った解釈や解析をしてしまう可能性があります。

　座標系が定義されていないシェープファイルは、そのシェープファイルを構成するファイルの中に、「.prj」ファイルが存在しません。（「.prj」は、座標系情報を格納するファイルです。）座標系が定義されていないシェープファイルを使いたい場合は、まず、［投影法の定義］ツールを使い、手動で座標系を定義します。ここで大切なポイントは、正しい座標系で定義することです。データの座標系は、通常、データの説明（ダウンロードサイトや仕様書等）に記載されています。初心者によくある誤りは、いきなり自分の使いたい座標系に定義してしまうことです。データの座標系とは異なる座標系に設定したい場合は、まずは正しい座標系で定義し、その後で、［投影変換］ツールを用いて設定したい座標系に変換しましょう。（後述の「ArcGIS Pro での座標系の扱いワークフロー」参照。）

データの座標系の確認

　データに定義されている座標系は、ArcGIS Pro で確認できます。しかし、ArcGIS の座標系の表記は、一見、何の座標系を意味するのかわかりにくい名前になっていることがあります。そこで、日本でよく使われる座標系の ArcGIS での表記に対応する座標系を表 4-5 に示します。

　どの座標系かを知る上で、表記に含まれる単語がヒントになるものがあります。たとえば、「GCS」は地理座標系（緯度経度）を意味します。（「GCS」は Geographic Coordinate System の略称で、和訳すると地理座標系です。）「Tokyo」は日本測地系、「JGD

2000」は日本測地系 2000、「JGD 2011」は日本測地系 2011、「UTM」は UTM 座標系です。

表 4-5　座標系：ArcGIS の表記と内容

ArcGIS の表記	座標系
地理座標系(緯度経度):	地理座標系（緯度経度）:
GCS Tokyo	日本測地系
GCS JGD 2000	日本測地系 2000（JGD 2000）
GCS JGD 2011	日本測地系 2011（JGD 2011）
GCS WGS 1984	WGS 1984
投影座標系:	投影座標系:
WGS 1984 Web Mercator Auxiliary Sphere	Web メルカトル（球体補正）
Japan Zone ○	平面直角座標系第○系（日本測地系）
JGD 2000 Japan Zone ○	平面直角座標系第○系（日本測地系 2000（JGD 2000））
JGD 2011 Japan Zone ○	平面直角座標系第○系（日本測地系 2011（JGD 2011））
Tokyo UTM Zone ○N	UTM 座標系第○帯（日本測地系）
JGD 2000 UTM Zone ○N	UTM 座標系第○帯（日本測地系 2000（JGD 2000））
JGD 2011 UTM Zone ○N	UTM 座標系第○帯（日本測地系 2011（JGD 2011））

　ArcGIS Pro でデータの座標系を確認すると、地理座標系の場合は、地理座標系の名前、角度単位等の情報が表示されます。図 4-9 の例では、［地理座標系］が「日本測地系 2011（JGD 2011）」、単位が角度（Degree）であることがわかります。

▼空間参照	
地理座標系	日本測地系 2011 (JGD 2011)
WKID	6668
以前の WKID	104020
出典	EPSG
角度単位	Degree (0.0174532925199433)
本初子午線	Greenwich (0.0)
測地基準	D JGD 2011
楕円体	GRS 1980
赤道半径	6378137.0
極半径	6356752.314140356
扁平率の逆数 (1/f)	298.257222101

図 4-9　地理座標系（緯度経度）の例

　座標系が投影座標系の場合は、地理座標系の情報に加えて、投影座標系の情報（投影座標系の名前、投影法、距離単位等）が表示されます。図 4-10 の例では、地理座標系が「日本測地系 2000（JGD 2000）」のデータを、「Transverse Mercator」（横メルカトル図法）で投影した「平面直角座標

系 第 9 系（JGD 2000）」であることがわかります。距離単位がメートル（Meter）であることもわかります。

▼ 空間参照

投影座標系	平面直角座標系 第 9 系 (JGD 2000)
投影法	Transverse Mercator
WKID	2451
出典	EPSG
距離単位	メートル (1.0)
東距	0.0
北距	0.0
中央子午線	139.8333333333333
縮尺係数	0.9999
原点の緯度	36.0
地理座標系	日本測地系 2000 (JGD 2000)
WKID	4612
以前の WKID	104111
出典	EPSG
角度単位	Degree (0.0174532925199433)
本初子午線	Greenwich (0.0)
測地基準	D JGD 2000
楕円体	GRS 1980
赤道半径	6378137.0
極半径	6356752.314140356
扁平率の逆数 (1/f)	298.257222101

図 4-10　投影座標系の例

図 4-10 のように、データの座標系が投影座標系の場合は、地理座標系と投影座標系の 2 つの情報が表示されます。地理座標系は球体である地球上の位置を表す緯度経度の決め方であり、その緯度経度で表した球体の地球上の面を平面に表したものが投影座標系だからです。そのため、たとえば同じ「平面直角座標系第○系」に対し、「(JGD 2000)」（日本測地系 2000）、「(JGD 2011)」（日本測地系 2011）、「(Tokyo)」（日本測地系）と異なる地理座標系が存在します（図 4-11）。

- 🌐 平面直角座標系 第 1 系 (JGD 2000)
- 🌐 平面直角座標系 第 1 系 (JGD 2011)
- 🌐 平面直角座標系 第 1 系 (Tokyo)

図 4-11　異なる地理座標系の平面直角座標系

マップの座標系

マップの座標系とは、マップを表示するビューの座標系のことです。マップの座標系がデータの座標系と異なる場合は、ArcGIS Pro がデータの座標系を自動変換してマップの座標系でビューに表示します。ただし、この変換は ArcGIS Pro 上でのみ行われ、データ本体の座標系は変換されません。すべてのデータとマップの座標系を統一しておくと、地図描画のパフォーマンスが最適になります。

新しい空のマップの座標系は、デフォルトでは WGS 1984 Web メルカトル（球体補正）です。マップにデータを追加すると、最初に追加したデータの座標系が、マップの座標系として設定されます。マップの座標系は、［マップ プロパティ］の［座標系］を開いて手動で変更できます（図 4-12）。

図 4-12　マップの座標系

ArcGIS Pro での座標系の扱いワークフロー

ArcGIS Pro でデータの編集や解析を行う場合は、座標系を同一の投影座標系にしておくことを推奨します。その前提で、座標系の扱いについてのワークフローを以下にまとめます。（座標系の定義や変換の具体的な方法は、演習を参考にしてください。）

手順

1. 座標系が定義されていますか？（シェープファイルを構成するファイルの中に、「.prj」ファイルがありますか？）
   - はい→（3）へ
   - いいえ→（2）へ

2. 座標系を定義します。

   注意：正しい座標系で定義しましょう。通常、データの説明書等に記載されいています。よくある間違いは、誤った座標系で定義してしまうことです。

3. 座標系は、投影座標系ですか？データが複数ある場合は、同一の投影座標系ですか？
   ・はい→終了
   ・いいえ→（4）へ

4. 投影座標系に変換します。データが複数ある場合は、同一の投影座標系になるように変換します。

アドバイス：座標系は、同一の投影座標系に統一しよう

座標系は、（複数のデータを使う場合は同一の）投影座標系にすることを推奨します。すべてのデータの座標系が同一であると、同一でない場合よりも地図描画・解析のパフォーマンスが向上します。また、投影座標系（単位が距離）であれば、地理座標系（単位が角度）では実行できない演算や空間解析が可能です。

演習：座標系の確認・変換・定義

政府統計の総合窓口（e-Stat）の国勢調査（小地域）データを使用し、ArcGIS Pro における座標系の扱い方を学びます。具体的には、以下のステップで演習を行います。

1. データの準備（e-Stat 国勢調査（小地域））
2. データ（レイヤー）の座標系の確認
3. マップの座標系の確認
4. マップの座標系の変更
5. データの座標系の変換
6. データの座標系の定義

ステップ 1：データの準備（e-Stat 国勢調査（小地域））

「C:¥gis¥projection」フォルダーを用意します。

以降、データはこのフォルダー内に保存・作成します。

「政府統計の総合窓口」（e-Stat）のホームページ（https://www.e-stat.go.jp/）を開きます。「地図（統計GIS）」→「境界データダウンロード」→「小地域」→「国勢調査」→「2015 年」→「小地域（町丁・字等別）」→「世界測地系緯度経度・Shape 形式」→「13 東京都」を選択します。港区の「世界測地系緯度経度・Shape 形式」をクリックし、「港区境界 .zip」というファイル名で保存して、展開します（図 4-13）。

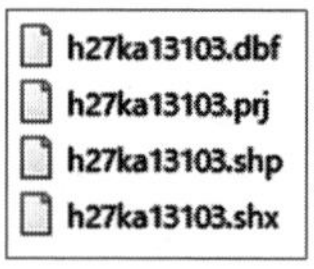

図 4-13　展開したシェープファイル

図 4-13 のファイルをすべて選択→右クリック→［名前の変更］をクリックし、拡張子の前のファイル名を「港区 _ 世界測地系緯度経度」に変更して、「Enter」キーを押します。シェープファイルを構成するすべてのファイルの拡張子の前が「港区 _ 世界測地系緯度経度」に変更されます（図 4-14）。

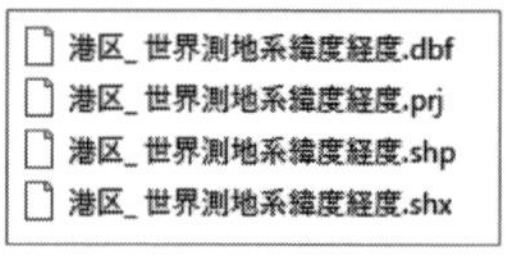

```
港区_世界測地系緯度経度.dbf
港区_世界測地系緯度経度.prj
港区_世界測地系緯度経度.shp
港区_世界測地系緯度経度.shx
```

図 4-14　ファイル名変更後のシェープファイル

ArcGIS Pro を起動し、リボンの［挿入］タブの［新しいマップ］ボタンをクリックし、新しいマップを開きます。［コンテンツ］ウィンドウの［マップ］にレイヤー（「注記（地形図）」、「地形図（World Topographic Map）」等）がある場合は、レイヤーを右クリック→［削除］します。

［カタログ］ウィンドウの「フォルダー」から、「港区 _ 世界測地系緯度経度 .shp」をビューにドラッグして追加します（図 4-15）。（「フォルダー」にデータが見あたらない場合は、「フォルダー」を右クリック→［フォルダー接続の追加］をクリックして、「C:¥gis」に接続します。）

図 4-15　データを追加したマップ

ステップ 2：データ（レイヤー）の座標系の確認

　［コンテンツ］ウィンドウの「港区 _ 世界測地系緯度経度」レイヤーを右クリック→［プロパティ］を選択します。［レイヤー プロパティ］が開いたら、［ソース］をクリックし、［空間参照］を展開します（図 4-16）。

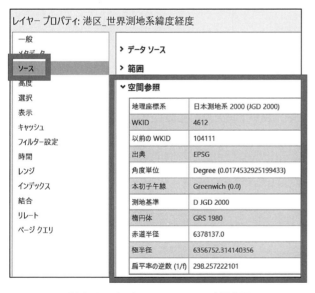

図 4-16　データ（レイヤー）の空間参照

　［地理座標系］は、「日本測地系 2000（JGD 2000）」となっています。これは、世界測地系です（表 4-2 参照）。［角度単位］は「Degree」となっています。地理座標系では、このように、単位が角度です。

　［キャンセル］ボタンをクリックして、［レイヤー プロパティ］を閉じます。

ステップ 3：マップの座標系の確認

　ArcGIS Pro では、マップに定義されている座標系に基づいてデータを表示します。空のマップの座標系は、デフォルトの WGS 1984 Web メルカトル（球体補正）です。しかし、マップに新規にデータ（レイヤー）を追加すると、そのデータの座標系に設定されます。ここでは、最初に追加したデータの座標系が「日本測地系（JGD 2000）」であるため、この座標系がマップの座標系に設定されています。

　マップの座標系は、次の方法で確認できます。［コンテンツ］ウィンドウの「マップ」を右クリック→［プロパティ］を選択します。［マップ プロパティ］が開いたら、［座標系］をクリックします（図 4-17）。［現在の XY］が「日本測地系 2000（JGD 2000）」に設定されていることがわかります。［詳細］をクリックすると、座標系の詳細を確認できます。［キャンセル］ボタンをクリックして、［マッププロパティ］を閉じます。

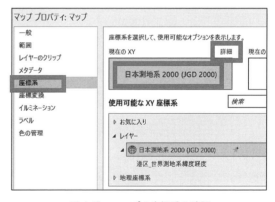

図 4-17　マップの座標系の確認

ステップ 4：マップの座標系の変更

　マップの座標系は変更できます。このステップでは、マップを複製して座標系を変更し、元のマップと比較してみましょう。

　［カタログ］ウィンドウの「マップ」フォルダーを展開し、「マップ」を右クリック→［コピー］を選択します（図 4-18）。「マップ」フォルダーを右クリック→［貼り付け］を選択します。「マップ」フォ

ルダーにマップが複製され、新たに「マップ1」が
追加されます（図4-19）。

図4-18　マップのコピー

図4-19　複製したマップ

図4-19の「マップ1」を右クリック→［開く］
を選択し、「マップ1」を開きます。（「マップ1」を
ダブルクリックしても開きます。）

［コンテンツ］ウィンドウの「マップ1」を右クリッ
ク→［プロパティ］を選択します。［マップ プロ
パティ］が開いたら、［座標系］を選択します（図
4-20）。［使用可能なXY座標系］の「投影座標系」
を展開→「各国の座標系」→「日本」→「平面直
角座標系 第9系（JGD 2000）」を選択します（図
4-20）。［OK］ボタンをクリックします。

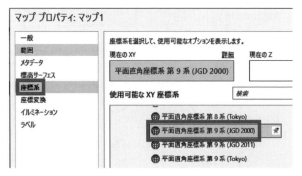

図4-20　「マップ1」の座標系を平面直角座標系　第9系（JGD
　　　　2000）に変更

ビューの「マップ1」のタブをドラッグして、「マッ
プ」と「マップ1」を図4-21のように並列表示さ
せます。両方とも同じデータですが、表示するマッ
プの座標系が異なるため、見え方が異なります。2
つのマップを比較すると、左の緯度経度（マップ）
よりも、右の平面直角座標系（マップ1）の方がや

やスリムに見えます。

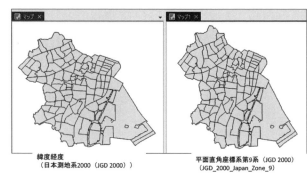

図4-21　「マップ」と「マップ1」のビュー

「マップ1」タブの「×」をクリックして、閉じます。
「マップ」がアクティブになります。

ステップ5：データの座標系の変換

データの座標系は、ツールボックスの［投影変換］
ツールで変換できます。このステップでは、「港区
_世界測地系緯度経度.shp」の座標系を、平面直角
座標系（JGD 2011）に変換してみましょう。

リボンの［解析］タブを選択→［ツール］ボタン
（ツール）をクリックします。［ジオプロセシング］が
開いたら、［ツールボックス］→［データ管理ツール］
→［投影変換と座標変換］→［投影変換］をクリッ
クします（図4-22）。

図4-22　［投影変換］ツール

［投影変換］が開いたら、次のように設定します（図
4-23）。［入力データセット、またはフィーチャクラ
ス］のドロップダウンリストから「港区_世界測地

系緯度経度」を選択します。［出力データセット、
またはフィーチャクラス］では［参照］ボタン（✚）
をクリックし、「港区_平面直角座標系 jgd2011」に
設定します。［出力座標系］では［座標系の選択］
ボタン（🌐）をクリックします。［座標系］が開
いたら、［使用可能な XY 座標系］で「投影座標系」
を展開→「各国の座標系」→「日本」→「平面直角
座標系 第 9 系（JGD 2011）」を選択します（図
4-24）。［実行］ボタンをクリックします。

図 4-23　投影変換の設定

図 4-24　座標系の選択

　投影変換が成功すると、マップに「港区_平面直
角座標系 jgd2011」が追加されます。（追加されてい
ない場合は、［カタログ］ウィンドウを開き、「フォ
ルダー」の中の「港区_平面直角座標系 jgd2011.shp」
（図 4-25）をマップにドラッグして追加します。デー
タが見あたらない場合は、「projection」フォルダーを
右クリック→［更新］をクリックしてください。）

図 4-25　投影変換後のシェープファイル

図 4-26 のようにビューに地図が表示されます。
［コンテンツ］ウィンドウの「港区_平面直角座

図 4-26　平面直角座標系 jgd2011.shp を追加したマップ

標系 jgd2011」レイヤーのチェックボックスをオフ
にして非表示にすると、背面の「港区_世界測地系
緯度経度」が表示されます。チェックボックスをオ
ン、オフ切り替えて、2 つの地図がぴったり重なっ
て表示されていることを確認します。ArcGIS Pro で
は、異なる座標系であっても、ぴったり重なって表
示するように自動変換します。

アドバイス：座標系の検索とお気に入りに追加

　座標系を定義・変換する際には、座標系が格納さ
れているフォルダー（図 4-27）から適切な座標系
を見つけ出し、選択する必要があります。しかし、
目的の座標系がどのフォルダーに格納されているの
か、なかなかわからないことがあります。

図 4-27　座標系のフォルダー

　そこで、日本で使用頻度の高い座標系が格納され
ているフォルダー構造を以下に示します。たとえば、
「日本測地系 2000（JGD 2000）」は、「地理座標系」
→「アジア」フォルダーの中にあります。

「地理座標系」→「アジア」フォルダー
　　・「日本測地系（Tokyo）」
　　・「日本測地系 2000（JGD 2000）」
　　・「日本測地系 2011（JGD 2011）」
「地理座標系」→「世界」フォルダー

・「WGS 1984」

「投影座標系」→「各国の座標系」→「日本」フォルダー

・平面直角座標系 第○系 （JGD 2000）

・平面直角座標系 第○系 （JGD 2011）

・平面直角座標系 第○系 （Tokyo）

「投影座標系」→「UTM 座標系」→「アジア」フォルダー

・UTM 座標系 第○帯 N（JGD 2000）

・UTM 座標系 第○帯 N（JGD 2011）

・UTM 座標系 第○帯 N（Tokyo）

「投影座標系」→「世界範囲の座標系（WGS 1984）」フォルダー

・Web メルカトル図法（球体補正）（WGS 1984）

　目的の座標系がどのフォルダーに入っているかわからない時は、検索機能を使うと便利です。図4-28 の［検索］欄に座標系のキーワードを入力します。たとえば、「平面直角」と入力して検索すると、該当する座標系が入っているフォルダーが表示されます（図 4-29）。

図 4-28　座標系の検索

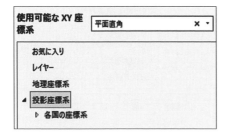

図 4-29　座標系の検索結果

　よく使う座標系は、「お気に入り」フォルダーに追加しておくと便利です。座標系を選択した状態で、［お気に入りに追加］ボタン（図 4-30）をクリックすると、その座標系が「お気に入り」フォルダーに

図 4-30　［お気に入りに追加］ボタン

入ります（図 4-31）。

図 4-31　「お気に入り」フォルダー

ステップ 6：データの座標系の定義

　シェープファイルに座標系が定義されていると、そのシェープファイルを構成するファイルの中に、「.prj」ファイルが含まれます。「.prj」ファイルは、座標系情報を格納するファイルです。Windows エクスプローラーで「港区 _ 世界測地系緯度経度 .shp」を保存してあるフォルダー（C:¥gis¥projection）を開いてみましょう。「.prj」ファイルがあり、座標系が定義されているデータであることがわかります（図 4-32）。（「.lock」ファイルは使用中に作成されるファイルです。ArcGIS Pro を閉じるとなくなります。）

```
港区_世界測地系緯度経度.dbf
港区_世界測地系緯度経度.prj
港区_世界測地系緯度経度.shp
港区_世界測地系緯度経度.shp.DESKTOP-U9C9KTM.9860.11368.sr.lock
港区_世界測地系緯度経度.shp.DESKTOP-U9C9KTM.14000.11368.sr.lock
港区_世界測地系緯度経度.shp.DESKTOP-U9C9KTM.15580.11368.sr.lock
港区_世界測地系緯度経度.shx
```

図 4-32　「.prj」ファイルのあるシェープファイル
（座標系定義済み）

　しかし、座標系が定義されていない（「.prj」ファイルのない）シェープファイルも提供されています。座標系が定義されていないデータを使用する場合は、まずは手動で座標系を定義する必要があります。

　練習のために、図 4-32 のシェープファイルから、「.prj」ファイルを削除して、手動で座標系を定義してみましょう。

　ArcGIS Pro 画面の上にある［保存］ボタン（🖬）をクリックして、プロジェクトを保存し、ArcGIS Pro を閉じます。

　図 4-32 の「港区 _ 世界測地系緯度経度 .prj」ファ

イルを削除します。これにより、座標系が定義され
ていないシェープファイルになります（図 4-33）。

　ArcGIS Pro を起動し、保存したプロジェクトファ
イルを開きます。

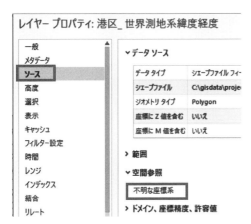

図 4-33　「.prj」ファイルを削除したシェープファイル
（座標系未定義）

　[コンテンツ] ウィンドウの「港区 _ 世界測地系
緯度経度」を右クリック→ [プロパティ] を選択し
ます。[レイヤー プロパティ] が開いたら、[ソース]
タブをクリックします。[空間参照] を展開すると、
「不明な座標系」と表示されます（図 4-34）。この
状態のシェープファイルを、新たなマップに追加す
ると、正しい位置でビューに地図が描画されないな
どの問題が発生します。

図 4-34　不明な座標系

　そこで、正しい座標系（日本測地系 2000（JGD
2000））で定義します。[キャンセル]ボタンをクリッ
クし、[レイヤー プロパティ] を閉じます。

　リボンの [解析] タブ→ [ツール] ボタン（🧰）
をクリックします。[ジオプロセシング] ウィンド
ウが開いたら、[ツールボックス] を選択し、[デー
タ管理ツール] → [投影変換と座標変換] → [投影
法の定義] をクリックします（図 4-35）。

　[投影法の定義] が開いたら、次のように設定し
ます（図 4-36）。[入力データセット、またはフィー

図 4-35　[投影法の定義] ツール

チャクラス] のドロップダウンリストから「港区 _
世界測地系緯度経度」を選択します。[座標系]の[座
標系の選択] ボタン（🌐）をクリックします。[座
標系] が開いたら、[使用可能な XY 座標系] の [地
理座標系] を展開→ [アジア] →「日本測地系
2000（JGD 2000）」（図 4-37）を選択します。[実行]
ボタンをクリックします。

　投影法の定義が正常に完了したら、[コンテンツ]

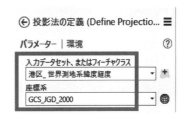

図 4-36　投影法の定義

図 4-37　座標系の選択

ウィンドウの「港区 _ 世界測地系緯度経度」を右ク
リック→ [プロパティ] を選択します。[レイヤー
プロパティ] が開いたら、[ソース] タブをクリッ
クします。[空間参照] を展開すると、先ほどは「不
明な座標系」と表示されていたところで、地理座

標系の情報が表示されるようになっています。（図
4-38）。［地理座標系］は「日本測地系 2000（JGD
2000)」に定義されています（図 4-38）。

図 4-38　定義した座標系

練習問題

　東京都港区以外の市区町村を1つ選び、ステップ
1からステップ6を実践してみましょう。（注意：
座標系の適用範囲に注意しましょう。東京都港区は
平面直角座標系 第9系ですが、大阪府大阪市は平
面直角座標系 第6系です。表 4-3 参照。）

第5章　空間データの選択・検索

解説：

空間データの選択

　ArcGIS Pro では、様々な方法でデータを選択できます。[マップ] タブの [選択] グループのボタンを用いると、手動による [選択]、[属性条件で選択]、[空間条件で選択] を行うことができます（図5-1）。

図 5-1　[選択] グループのボタン

　選択したマップのフィーチャおよび属性テーブルのレコードは、水色のアウトラインやセルでハイライト表示されます（図 5-2）。

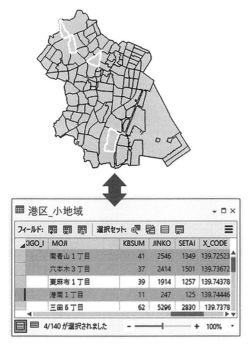

図 5-2　選択したフィーチャとレコード

属性検索と空間検索

　検索方法には、大きく分けて属性検索と空間検索があります。

　属性検索は、属性情報に対する条件式を作成して、その条件に適合するデータを選択する機能です。属性値による検索の場合、[と等しい]、[と等しくない]、[より大きい]、[以上]、[より小さい]、[以下]、[を含む]、[を含まない]、[NULL である]、[NULL でない]（NULL とは値のないこと）を用いることができます（図 5-3）。たとえば、人口が 5,000 人以上の町丁を検索できます（図 5-4）。

図 5-3　属性検索：属性値による検索

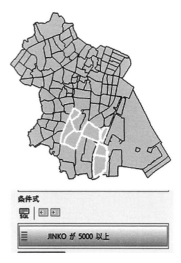

図 5-4　属性検索の例：人口が 5,000 人以上の町丁

一方、空間検索は、空間的位置関係から検索を行う機能です。空間検索には、いろいろな選択方法があります（図 5-5）。たとえば、小学校が立地する町丁（小地域）を検索できます（図 5-6）。

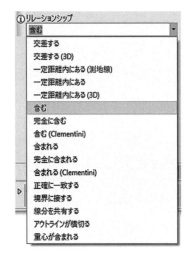

図 5-5　空間検索のリレーションシップ

図 5-6　空間検索の例：小学校の立地する町丁

選択オプション

選択のオプション機能は、［マップ］タブの［選択］グループ右下のボタンをクリックすると表示される［オプション］で設定できます（図 5-7）。選択の［オプション］では、開いているすべてのマップの選択色や、選択条件、選択組み合わせモードなどを変更できます（図 5-7）。

図 5-7　選択のオプション

演習：

空間データの選択、属性検索、空間検索の演習を、以下のステップで行います。

1. データの準備
2. 手動によるフィーチャの選択
3. 手動によるレコードの選択
4. 選択解除の方法
5. 選択組み合わせモードの変更
6. 選択対象レイヤーの設定
7. 属性検索
8. 空間検索

使用データ：

・港区＿小地域 .shp：東京都港区の町丁界データ。
（e-Stat の平成 27 年国勢調査（小地域）の境界データ（世界測地系平面直角座標系・Shape 形式）。）

・港区＿小学校 .shp（国土数値情報の平成 25 年度学校データを著者が加工して作成。座標系は世界測地系平
面直角座標系。）

ステップ 1：データの準備

「C:¥gis¥selection」フォルダーを用意します。以降、データはこのフォルダー内に保存・作成します。

ArcGIS Pro を起動し、リボンの［挿入］タブの
［新しいマップ］ボタンをクリックし、新しいマッ
プを開きます。［コンテンツ］ウィンドウの［マッ
プ］にレイヤー（「注記（地形図）」、「地形図（World
Topographic Map)」等）がある場合は、レイヤーを
右クリック→［削除］します。（削除しないで、残
しておいても構いません）

　［カタログ］ウィンドウの「フォルダー」から、
演習用データの「gisdata¥e-stat¥census¥H27sarea¥ 港
区 _ 小地域 .shp」を選び、マップにドラッグして追
加します。同様に、「gisdata¥ 国土数値情報 ¥H25 学
校 ¥ 港区 _ 小学校 .shp」をマップにドラッグして追
加します（図 5-8）。（「フォルダー」にデータが見
あたらない場合は、「フォルダー」を右クリック→
［フォルダー接続の追加］をクリックして、「gisdata」
に接続します。）

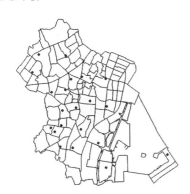

図 5-8　データを追加した画面

ステップ 2：手動によるフィーチャの選択

　［マップ］タブの［選択］ボタンをクリックしま
す（図 5-9）。マップ上で四角形にマウスをドラッ
グすると、四角形の範囲に部分的または完全に含ま
れるフィーチャが選択され、水色でハイライト表示
されます（図 5-10）。デフォルトでは、選択するた
びに新規にフィーチャが選択されます。そのため、
再度、マップ上で四角形にマウスをドラッグすると、
前の選択が解除され、新たに選択されます。

図 5-9　選択ボタン

図 5-10　フィーチャの選択

　［選択］ボタンは、デフォルトでは［四角形］に
よる選択ですが、ドロップダウンリストから、［ポ
リゴン］、［なげなわ］、［円］、［ライン］、［トレース］
を選ぶことができます（図 5-11）。

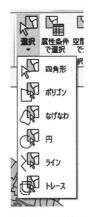

図 5-11　選択方法

　［選択］グループの［選択解除］ボタン（ ）を
クリックして、選択を解除します。

ステップ 3：手動によるレコードの選択

　［コンテンツ］ウィンドウの「港区 _ 小学校」を
右クリック→［属性テーブル］を選択します。各レ
コード（行）の左端の灰色部分をクリックすると、
レコードを選択できます。選択したレコードは水色
にハイライト表示されます。キーボードの「Shift」
キーを押しながら選択すると、連続する複数のレ
コードを選択できます。キーボードの「Ctrl」キー
を押しながら選択すると、連続していないレコード
も複数選択できます（図 5-12）。

　選択されたレコード数は、テーブル下部に表示
されます。図 5-12 では、「3 / 21 が選択されました」

と表示され、21 レコードある中の 3 レコードが選択されていることを確認できます。

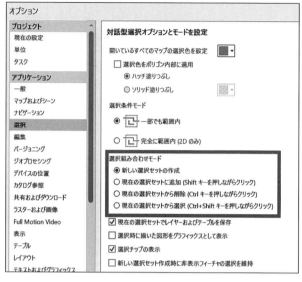

図 5-12　選択レコード

ステップ 4：選択解除の方法

選択を解除する方法はいろいろあります。主な方法を以下に説明します。

・［マップ］タブ→［選択］グループ→［選択解除］ボタンをクリック
・テーブルの［選択セットの解除］ボタン（ 🗒 解除 ）をクリック
・［コンテンツ］ウィンドウのレイヤーを右クリック →［選択］→［選択解除］をクリック

これまでに学んだ方法でフィーチャやレコードを自由に選択し、上記の選択解除の方法をそれぞれ試してみましょう。最後に、いずれかの方法で選択解除をしておきます。

ステップ 5：選択組み合わせモードの変更

デフォルトの選択方法では、選択するたびに新規にフィーチャが選択されます。既にフィーチャが選択されている場合は、その選択が解除され、新たに選択されます。この選択方法は次のように変更することができます。［マップ］タブ→［選択］グループの右下のボタン（ 🗗 ）をクリックして、選択の［オプション］を開きます。［選択組み合わせモード］、あるいは Shift キーや Ctrl キーを使うことで、［現在の選択セットに追加（Shift キーを押しながらクリック）］、［現在の選択セットから削除（Ctrl キーを押しながらクリック）］、［現在の選択

セットから選択（Ctrl+Shift キーを押しながらクリック）］に変更することができます（図 5-13）。

図 5-13　選択組み合わせモード

現在とは異なる選択方法で選択してみましょう。最後に、デフォルトの［新しい選択セットの作成］に戻し、選択解除をしておきます。

ステップ 6：選択対象レイヤーの設定

選択は、デフォルトではマップ上のすべてのレイヤーが選択対象となっています。1 つのレイヤーだけを選択対象にしたい場合は、［コンテンツ］ウィンドウの［選択状態別にリスト］ボタンをクリックし、選択対象としたいレイヤーにのみチェックを入れます。

たとえば、「港区 _ 小学校」だけにチェックを入れ（「港区 _ 小地域」レイヤーのチェックをはずす）、［マップ］タブの［選択］ボタンをクリックし、フィーチャを選択すると、「港区 _ 小学校」のフィーチャだけ選択されます（図 5-14）。（「港区 _ 小地域」のフィーチャは選択されません。）［コンテンツ］ウィンドウの「港区 _ 小学校」レイヤー名の右、および画面右下に、「10」と表示され、10 個のフィーチャ（小学校）が選択されていることを確認できます。

次のステップに進む前に、選択解除をして、［コンテンツ］ウィンドウの［描画順にリスト］ボタン（ 🖧 ）をクリックしておきます。

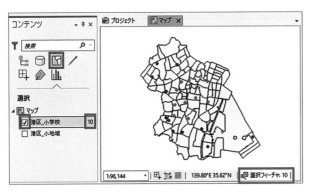

図 5-14　選択対象レイヤーを指定

ステップ 7：属性検索

　属性検索を使って、人口が 5,000 人以上かつ 3,000 世帯以上の町丁を選択してみましょう。

　［マップ］タブの［属性条件で選択］ボタンをクリックします（図 5-15）。

図 5-15　属性条件で選択

　［属性検索］ツールが起動したら、［入力テーブル］で「港区 _ 小地域」を選びます（図 5-16）。

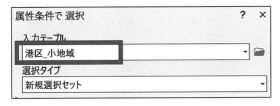

図 5-16　属性検索：項目の追加

　［Where 句］の右横のプルダウンメニューから「JINKO」（人口）を選び、その右の空欄に「5000」と入力し、その右のプルダウンメニューから「以上」を選びます（図 5-17）。

図 5-17　項目の追加：人口 5,000 人以上

　［項目の追加］をクリックします。左端のプルダ

ウンメニューは［And］のまま、その右側のプルダウンメニューで「SETAI」（世帯数）を選び、その右の空欄に「3000」と入力し、その右のプルダウンメニューから「以上」を選びます（図 5-18）。

図 5-18　項目の追加：3,000 世帯以上

　［OK］ボタンをクリックします（図 5-19）。

図 5-19　属性検索の実行

　選択されたフィーチャ（町丁）が水色でハイライト表示されます（図 5-20）。

図 5-20　選択フィーチャ

　［コンテンツ］ウィンドウの「港区 _ 小地域」レイヤーを右クリック→［属性テーブル］をクリックします。テーブル下部の［選択レコードの表示］ボタンをクリックすると、選択されたレコードのみが表示されます（図 5-21）。「5 / 140 が選択されました」を見ると、140 レコードある中の 5 レコードが選択

されていることを確認できます。[すべてのレコードを表示] ボタンをクリックし、すべてのレコードが表示される状態に戻します。

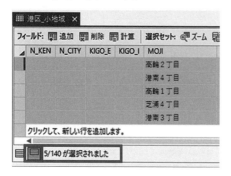

図 5-21　選択レコード

テーブル上部の［選択セットの切り替え］ボタンをクリックすると、選択セットが切り替わります。テーブル上部の［選択セットの解除］ボタンをクリックして、選択を解除します。

ステップ 8：空間検索

次に、空間検索を用いて小学校が立地する町丁を選択してみましょう。

［マップ］タブの［空間条件で選択］ボタンをクリックします（図 5-22）。

図 5-22　空間条件で選択

［空間検索］ツールが起動したら次のように設定します（図 5-23）。［入力フィーチャ］で「港区_小地域」を選び、［リレーションシップ］で「含む」を選びます。［選択フィーチャ］で「港区_小学校」を選択し、［OK］ボタンをクリックします。

小学校が立地する町丁が選択されます（図 5-24）。［コンテンツ］ウィンドウの「港区_小地域」を右クリック→［属性テーブル］をクリックすると、選択されたレコードの属性情報を確認できます。テーブル下部の［選択レコードの表示］ボタンをクリックすると、選択レコードだけ表示されます（図 5-25）。テーブルの「MOJI」フィールドをみると、

小学校が立地する町丁名を確認できます。テーブル下部の「21/140 が選択されました」をみると、21 レコードが選択されたことを確認できます。

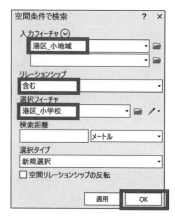

図 5-23　空間条件で選択

図 5-24　空間検索で選択されたフィーチャ

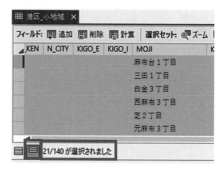

図 5-25　空間検索で選択されたレコード

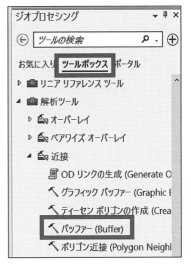

第6章

空間データの加工
：ジオプロセシングツール

本章では、ジオプロセシングツール、および空間データの加工によく用いられるジオプロセシングツールのバッファー、インターセクト、クリップ、マージ、アペンド、ディゾルブ、フィーチャのエクスポート（フィーチャのコピー）について解説し、演習を行います。

解説：ジオプロセシングツール

概要

ジオプロセシングツールとは、空間データを処理（解析、変換、管理等）するためのツールです。ArcGIS Pro には多種多様なジオプロセシングツールが実装されています。ジオプロセシングは通常、入力データを指定→ジオプロセシングツールを実行→結果の出力データを得るという流れになります。

［解析］タブの［ツール］をクリックすると（図6-1）、［ジオプロセシング］ウィンドウが表示されます。［ジオプロセシング］ウィンドウの［ツールボックス］をクリックすると、ジオプロセシングツールが格納されているツールボックスが開きます。たとえば［バッファー］ツールを起動したい場合は、［解析ツール］→［近接］→［バッファー］をクリックします（図6-2）。

図 6-1 ［ツール］ボタン

図 6-2 ジオプロセシングのツールボックス

選択フィーチャに対して実行

ジオプロセシングツールは、選択しているフィーチャがあると、選択フィーチャに対してだけツールを実行します。たとえば、あるフィーチャを選択した状態で［バッファー］ツールを実行すると、選択したフィーチャに対してだけ、バッファーを作成します（図6-3）。

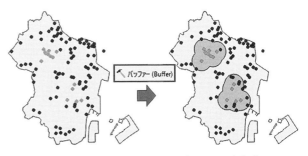

図 6-3 選択フィーチャにだけバッファーを作成

ツールの検索

目的のツールがどこにあるのかわからない場合は、［ツールの検索］にツールの内容を表すキーワー

ドや短いフレーズを入力すると検索できます。たとえば［バッファー］と入力すると、検索結果に［バッファー（Buffer）］が表示されます（図6-4）。これをクリックすると、［バッファー］ツールが起動します。

図6-4　［バッファー］ツールの検索

よく使うジオプロセシングツールは、右クリック→［お気に入りに追加］をクリックすると、［ジオプロセシング］ウィンドウの［お気に入り］からアクセスできるようになります（図6-5）。

図6-5　ジオプロセシングの［お気に入り］

ヘルプ

ジオプロセシングのツールをクリックすると、ツールが起動します。［ヘルプ］ボタン（❓）にポイントすると、簡単な説明が表示されます。［ヘルプ］ボタンをクリックすると、より詳細なヘルプのページが表示されます。また、ツールの各設定項目にポイントすると、インフォメーションボタン（ⓘ）が出現します（図6-6）。インフォメーションボタンにポイントすると、各設定項目の説明が表示されます。これらのヘルプボタンは、ツールや設定方法

図6-6　ツールのヘルプボタン

を確認したい場合に便利です。

履歴

［解析］タブの［履歴］ボタンをクリックすると、実行したジオプロセシングツールの履歴を確認できます（図6-7）。各履歴にポイントすると、実行した設定を確認できます。各履歴をダブルクリックすると、実行時の設定が開きます。設定を確認したい時や、以前の設定の一部だけを変更してツールを実行したい場合等に便利です。

図6-7　ジオプロセシングの履歴

よく使われるジオプロセシングツール

空間データの加工によく使われるジオプロセシングツールの［バッファー］、［インターセクト］、［クリップ］、［マージ］、［ディゾルブ］、［フィーチャのエクスポート（コピー）］を解説します。

バッファー（Buffer）：領域ポリゴンの作成

［バッファー（Buffer）］ツールは、指定した距離に基づき、入力フィーチャ（ポイント、ライン、ポリゴン）から一定距離内の領域ポリゴン（バッファー）を作成します（図6-8）。［ツールボックス］の［解析ツール］→［近接］→［バッファー（Buffer）］から起動できます。

［バッファー］ツールでは、［ディゾルブタイプ］を設定できます。ディゾルブタイプで「なし」を選択すると、バッファー同士が重なる場合でも、各フィーチャの個々のバッファーが作成されます。これがデフォルトの設定です。ディゾルブタイプで

「すべてディゾルブ」を選択すると、すべてのバッファーが1つのフィーチャにディゾルブされ、重複しているバッファーは削除されます。「リストフィールドの属性値が共通のバッファーをディゾルブ」を選択すると、入力フィーチャから引き継がれるリストフィールドの属性値を共有するバッファーがディゾルブされます。

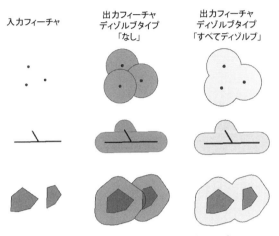

図 6-8　バッファーとディゾルブタイプ

多重にバッファーを作成したい場合は、［ツールボックス］の［解析ツール］→［近接］→［多重リングバッファー］ツールを使うと便利です。

インターセクト（Intersect）：交差部分の出力

［インターセクト（Intersect）］ツールは、複数の入力フィーチャの交差部分を出力します（図 6-9）。［ツールボックス］の［解析ツール］→［オーバーレイ］→［インターセクト（Intersect）］から起動できます。

［結合する属性］で「すべての属性」を選択すると、入力フィーチャのすべての属性が出力フィーチャ

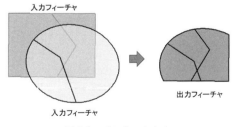

図 6-9　インターセクト

の属性に入ります。これがデフォルトの設定です。「フィーチャ ID を除くすべての属性」を選択すると、入力フィーチャの FID 以外のすべての属性が出力フィーチャの属性に入ります。「フィーチャ ID のみ」を選択すると、入力フィーチャの FID フィールドのみ出力フィーチャの属性に入ります。

クリップ（Clip）：領域の切り抜き

［クリップ（Clip）］ツールは、一定の範囲（クリップフィーチャ）と重なり合う部分だけの入力フィーチャを出力します（図 6-10）。［ツールボックス］の［解析ツール］→［抽出］→［クリップ（Clip）］から起動できます。

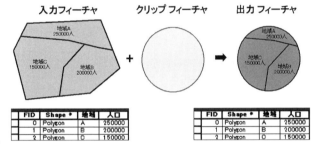

図 6-10　クリップ

入力フィーチャを、ある一定の範囲（クリップフィーチャ）で切り抜きたい場合に便利です。クリップで出力したデータの属性は、入力データの属性のまま変わりません。人口や面積などの属性を持つデータの場合、クリップして面積が小さくなっても人口や面積などの属性値は変わらないことに注意が必要です。

マージ（Merge）とアペンド（Append）：データの結合

［マージ（Merge）］ツールは、同じデータタイプの複数の入力データセットを結合して、1つのデータセットに出力します（図 6-11）。マージ可能な入力データセットは、同一のフィーチャクラス（ポイント、ライン、ポリゴン）またはテーブルです。［ツールボックス］の［データ管理ツール］→［一般］→［マージ（Merge）］から起動できます。

マージと似たツールに、［アペンド（Append）］ツールがあります。［アペンド］ツールは、マージと同様に複数の入力データを結合します。マージと異なる点は、既存のデータ（ターゲットデータ）にデータを追加（アペンド）していくことです（図6-11）。

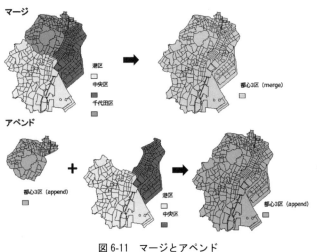

図6-11　マージとアペンド

ディゾルブ（Dissolve）：データの集約

［ディゾルブ（Dissolve）］ツールは、指定した属性に基づいて、フィーチャを統合します。統合する際に、人口などの属性値を集計することができます。［ツールボックス］の［ジェネラライズ］→［ディゾルブ（Dissolve）］から起動できます。

属性値の集計をしたい場合は、［統計フィールド］で集計方法を指定します。図6-12は、全国の市区町村界（左図）を都道府県界（右図）にディゾルブした例です。市区町村界に人口と世帯数の属性が含まれていれば、都道府県界にディゾルブする際に、

市区町村界　　→　　都道府県界

国土数値情報「平成26年行政区域データ」国土交通省を用いて著者が加工・作成

図6-12　ディゾルブ

人口と世帯数の合計を集計することができます。

フィーチャのエクスポート：選択フィーチャだけのデータを作成

［フィーチャのエクスポート］は、選択したフィーチャだけのデータを作成したい場合に便利です。たとえば、駅データから、都心主要4駅（新宿駅、池袋駅、東京駅、渋谷駅）だけのデータを作成できます（図6-13）。全国の市区町村データから、一部の市区町村だけのデータを作成したい場合などにも便利です。

図6-13　駅データから都心主要4駅のデータを作成

演習：バッファー（Buffer）

東京都港区（以下、港区と記します）周辺の駅から400mのバッファーを作成し、その400m圏内のコンビニエンスストアを検索します。

具体的には、以下のステップで演習を行います。

1. データの準備
2. シンボルの変更
3. バッファーの実行
4. 空間検索

使用データ：

・駅_港区周辺.shp：港区周辺の駅データ。（国土数値情報平成27年鉄道データを用いて著者が加工・作成。）
・港区セブンイレブン.shp：港区のセブンイレブンの店舗データ。（2017年7月現在のセブンイレブンのホームページから港区の店舗を検索し、店舗の住所情報、およびe-Statの「地図で見る統計（jSTAT MAP）」のジオコーディング機能を用いて

著者が作成。）

・港区境界 .shp：港区の境界データ。（国土数値情報平成 27 年行政区域データを用いて著者が加工・作成。）

ステップ1：データの準備

　ArcGIS Pro を起動し、[挿入] タブの [新しいマップ] ボタンをクリックし、新しいマップを開きます。[コンテンツ] ウィンドウの [マップ] にレイヤー（「注記（地形図）」、「地形図（World Topographic Map）」等）がある場合は、レイヤーを右クリック→ [削除] します。（削除しないで残しておいても構いません。）

　[カタログ] ウィンドウの「フォルダー」から、演習用データの「gisdata¥buffer」フォルダーの「駅_港区周辺 .shp」、「港区境界 .shp」、「seveneleven.shp」をマップにドラッグして追加します（図 6-14）。以降、本演習で作成するデータはこのフォルダー内に保存・作成します。（「フォルダー」にデータが見あたらない場合は、「フォルダー」を右クリック→ [フォルダー接続の追加] をクリックして、「gisdata」フォルダーに接続します。）

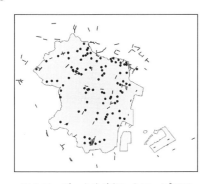

図 6-14　データを追加したマップ画面

ステップ2：シンボルの変更

　[コンテンツ] ウィンドウの「seveneleven」のシンボルをクリックします（図 6-15）。[シンボル] が開いたら、[ギャラリー] で「円 1」を選択し（図 6-16）、[プロパティ] をクリックして、[色] を赤、[サイズ] を 6 に設定し、[適用] ボタンをクリックします（図 6-17）。[シンボル] を閉じます。マップに図 6-18 のように表示されます。

図 6-15　シンボル

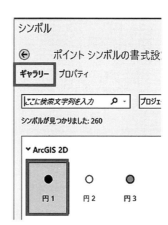

図 6-16　シンボルのギャラリー

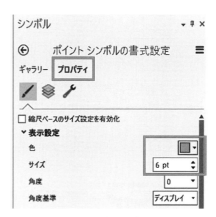

図 6-17　シンボルのプロパティ

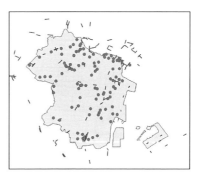

図 6-18　マップ画面

ステップ3：バッファーの実行

　［解析］タブの［ツール］ボタンをクリックします。［ジオプロセシング］ウィンドウが開いたら、［ツールボックス］の［解析ツール］→［近接］→［バッファー（Buffer）］をクリックします（図6-19）。

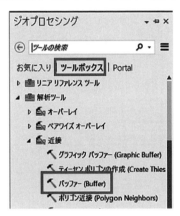

図6-19　［バッファー］ツール

　［バッファー］が起動したら、次のように設定します（図6-20）。［入力フィーチャ］は「駅_港区周辺」を選択します。［出力フィーチャクラス］は「駅400mbuf.shp」とします。［バッファーの距離］の［距離単位］は400メートルとします。（400は半角で入力します。）［ディゾルブタイプ］は「すべてディゾルブ」にします。［実行］ボタンをクリックします。駅から400mのバッファーが作成され、マップに追加されます（図6-21）。

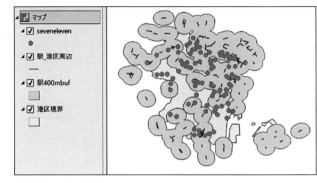

図6-21　駅から400mのバッファー

ステップ4：空間検索

　［マップ］タブの［空間条件で選択］ボタンをクリックします。［空間条件で検索］が起動したら、次のように設定します（図6-22）。［入力フィーチャレイヤー］は「seveneleven」を選択します。［リレーションシップ］は「含まれる」を選びます。［選択フィーチャ］は「駅400mbuf」を選び、［OK］ボタンをクリックします。駅から400mのバッファーに含まれるセブンイレブンが検索されます（図6-23）。

　［コンテンツ］ウィンドウの「seveneleven」レイヤーを右クリック→［属性テーブル］を選択します。テーブルの下に「85/100が選択されました」と表示されていることを確認します（図6-24）。港区内のセブンイレブン100店舗中85店舗（85%）が、駅から400m以内に立地していることがわかります。

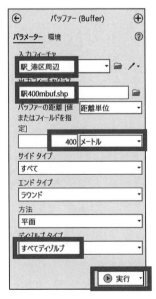

図6-20　［バッファー］の設定

図6-22　［空間検索］の設定

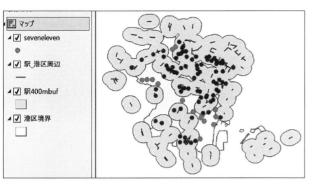

図 6-23　駅から 400 m バッファー内のセブンイレブン

FID	Shape	名称	住所
0	ポイント	芝公園１丁目	〒105-0011 東京都...
1	ポイント	芝大門１丁目	〒105-0012 東京都...
2	ポイント	浜松町１丁目	〒105-0013 東京都...
3	ポイント	浜松町１丁目中央	〒105-0013 東京都...
4	ポイント	芝大門２丁目	〒105-0012 東京都...
5	ポイント	新橋５丁目	〒105-0004 東京都...
6	ポイント	浜松町２丁目	〒105-0013 東京都...
7	ポイント	港区海岸１丁目	〒105-0022 東京都...

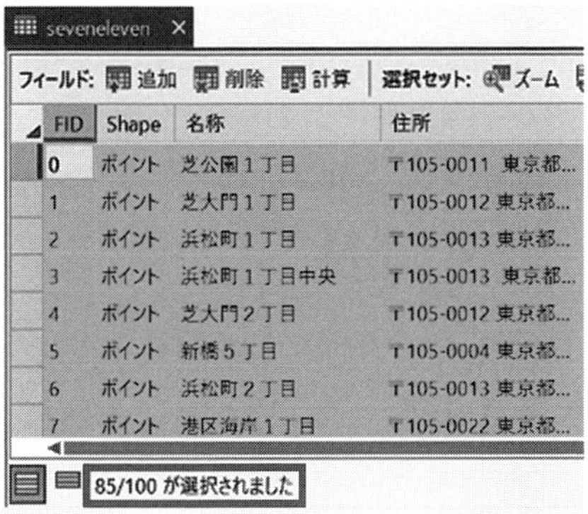

図 6-24　選択されたレコード・フィーチャ数の確認

練習問題

［バッファー］ツールを使った分析事例を考えてみましょう。

演習：インターセクト（Intersect）

東京都の浸水想定区域と都心 3 区（千代田区、港区、中央区）でインターセクトを実行し、都心 3 区内の浸水想定区域のデータを作成します。その属性テーブルには、浸水想定区域と都心 3 区の両方の属性情報が含まれるようにします。

具体的には、以下のステップで演習を行います。

1. データの準備
2. インターセクトの実行
3. シンボルの変更

使用データ：

- 浸水想定区域 _ 東京 .shp：東京の浸水想定区域のデータ。（国土数値情報平成 24 年浸水想定区域データを用いて著者が加工・作成。）
- 都心 3 区 .shp：都心 3 区（千代田区、港区、中央区）の境界データ。（国土数値情報平成 25 年行政区域データを用いて著者が加工・作成。）

ステップ 1：データの準備

ArcGIS Pro を起動し、［挿入］タブの［新しいマップ］ボタンをクリックし、新しいマップを開きます。［コンテンツ］ウィンドウの［マップ］にレイヤー（「注記（地形図）」、「地形図（World Topographic Map）」等）がある場合は、レイヤーを右クリック→［削除］します。（削除しないで残しておいても構いません。）

［カタログ］ウィンドウの「フォルダー」から、演習用データの「gisdata¥intersect」フォルダーの「浸水想定区域 _ 東京 .shp」、「都心 3 区 .shp」をマップにドラッグして追加します（図 6-25）。以降、本演習で作成するデータはこのフォルダー内に保存・作成します。（「フォルダー」にデータが見あたらない場合は、「フォルダー」を右クリック→［フォルダー接続の追加］をクリックして、「gisdata」フォルダーに接続します。）

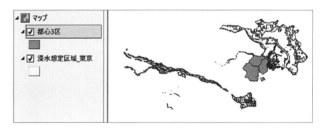

図 6-25　東京の浸水想定区域と都心 3 区

ステップ 2：インターセクトの実行

［解析］タブの［ツール］ボタンをクリックします。［ジオプロセシング］ウィンドウが開いたら、［ツールボックス］の［解析ツール］→［オーバーレイ］→［インターセクト（Intersect）］をクリックします（図 6-26）。

［インターセクト］が起動したら、次のように設定します（図 6-27）。［入力フィーチャ］のプルダウンリストから、「都心 3 区」と「浸水想定区域 _ 東京」を選択します。［出力フィーチャクラス］は「intersect.

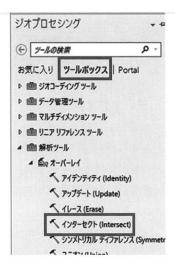

図 6-26 ［インターセクト］ツール

shp」とします。［結合する属性］は「すべての属性」を選択します（デフォルトの設定です）。［実行］ボタンをクリックします。

図 6-27 ［インターセクト］の設定

インターセクトの結果、出力された「intersect」がマップに追加されます。「intersect」は、「都心3区」と「浸水想定区域_東京」が重なり合う部分だけであることを確認します。［コンテンツ］ウィンドウの「都心3区」を右クリックし、［レイヤーにズーム］をクリックすると、「都心3区」が全体表示されます（図6-28）。

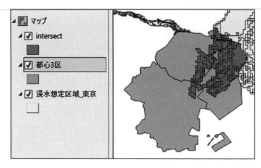

図 6-28 インターセクトの結果

［コンテンツ］ウィンドウの「都心3区」を右クリック→［属性テーブル］を選択し、「都心3区」のテーブルを開きます。同様に、「浸水想定区域_東京」、「intersect」の順番に属性テーブルを開きます。「都心3区」、「浸水想定区域_東京」、「intersect」のテーブルをそれぞれ確認し、「intersect」のテーブルには、「都心3区」と「浸水想定区域_東京」の両方の属性情報が含まれていることを確認します（図6-29）。各テーブルは、テーブル上部のタブをクリックすると切り替えられます。「intersect」テーブルの「N03_003」フィールドに区名、「浸水深」フィールドに浸水の深さの情報があることを確認します。

確認したら、テーブルをすべて閉じます。

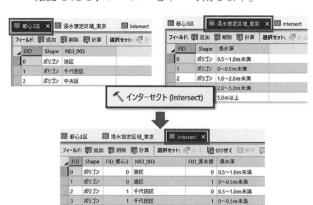

図 6-29 インターセクトの結果のテーブル
（両テーブルの属性が入る）

ステップ3：シンボルの変更

［コンテンツ］ウィンドウの「都心3区」と「浸水想定区域_東京」のチェックボックスをオフに

し、非表示にします。［コンテンツ］ウィンドウの「intersect」を選択し、その状態で［表示設定］タブの［シンボル］→［個別値］をクリックします（図6-30）。

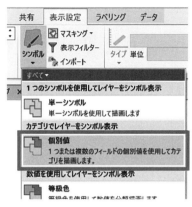

図 6-30　［シンボル］の［個別値］

［シンボル］が起動したら、次のように設定します（図6-31）。［値フィールド］の［フィールド1］で「N03_003」を選び、［フィールドの追加］ボタンをクリックします。［フィールド2］で「浸水深」を選びます。［配色］で個別値表示したい配色を選択します（ここではデフォルトの配色を選んでいます）。

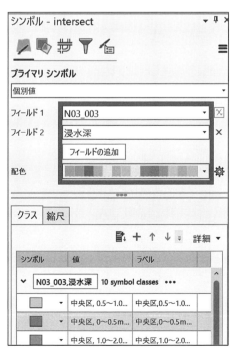

図 6-31　［シンボル］の設定

インターセクトの結果が、各区と浸水深の組み合わせの個別値で表示されます（図6-32）。

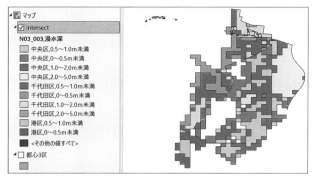

図 6-32　各区と浸水深の個別値表示

練習問題

　［インターセクト］ツールを使った分析事例を考えてみましょう。

演習：クリップ（Clip）

　東京周辺（離島をのぞく）の鉄道データを、東京23区の境界でクリップし、東京23区内の鉄道データを作成します。演習は、次のステップで行います。

1. データの準備
2. クリップの実行

使用データ：

・鉄道_東京周辺.shp：東京都（離島をのぞく）から5kmバッファー内に入る鉄道データ。（国土数値情報平成24年鉄道時系列データを用いて著者が加工・作成。）
・東京23区境界.shp：東京23区の境界データ。（国土数値情報平成25年行政区域データを用いて著者が加工・作成。）

ステップ1：データの準備

　ArcGIS Proを起動し、［挿入］タブの［新しいマップ］ボタンをクリックし、新しいマップを開きます。［コンテンツ］ウィンドウの［マップ］にレイヤー（「注記（地形図）」、「地形図（World Topographic

Map）」等）がある場合は、レイヤーを右クリック
→［削除］します。（削除しないで残しておいても
構いません。）

　［カタログ］ウィンドウの「フォルダー」から、
演習用データの「gisdata¥clip」フォルダーの「鉄道
_東京周辺.shp」、「東京23区境界.shp」をマップに
ドラッグして追加します（図6-33）。以降、本演習
で作成するデータはこのフォルダー内に保存・作成
します。（「フォルダー」にデータが見あたらない場
合は、「フォルダー」を右クリック→［フォルダー
接続の追加］をクリックして、「gisdata」フォルダー
に接続します。）

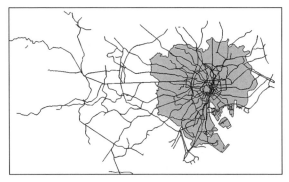

図6-33　「鉄道_東京周辺」と「東京23区境界」

ステップ2：クリップの実行

　［解析］タブの［ツール］ボタンをクリックします。
［ジオプロセシング］ウィンドウが開いたら、［ツー
ルボックス］の［解析ツール］→［抽出］→［クリッ
プ（Clip）］をクリックします（図6-34）。

　［クリップ］が起動したら、次のように設定しま
す（図6-35）。［入力フィーチャまたはデータセット］
は「鉄道_東京周辺」を選択します。［クリップフィー
チャ］は「東京23区境界」を選択します。［出力フィー
チャクラス］は「clip.shp」とします。［実行］ボタ
ンをクリックします。

　出力された「clip」がマップに追加されます。［コ
ンテンツ］ウィンドウの「鉄道_東京周辺」のチェッ
クボックスをオフにして、非表示にします。「clip」
（出力フィーチャクラス）は、「東京23区境界」（ク
リップフィーチャ）内だけの「鉄道_東京周辺」（入

力フィーチャ）になっていることを確認します（図
6-36）。

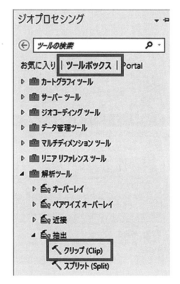

図6-34　［クリップ］ツール

図6-35　［クリップ］の設定

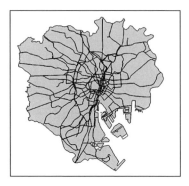

図6-36　クリップの結果

練習問題

　［クリップ］ツールの活用事例を考えてみましょう。

演習：マージ（Merge）とアペンド（Append）

東京都の千代田区、中央区、港区の境界データを［マージ］および［アペンド］ツールを用いて結合し、都心 3 区のデータを作成します。

演習は、次のステップで行います。

1. マージのデータの準備
2. マージの実行
3. アペンドのデータの準備
4. アペンドの実行

使用データ：

- 千代田区 _ 小地域 .shp：東京都千代田区の町丁界データ。（e-Stat の平成 27 年国勢調査（小地域）の境界データ。
- 中央区 _ 小地域 .shp：東京都中央区の町丁界データ。
- 港区 _ 小地域 .shp：東京都港区の町丁界データ。

ステップ 1：マージのデータの準備

ArcGIS Pro を起動し、［挿入］タブの［新しいマップ］ボタンをクリックし、新しいマップを開きます。［コンテンツ］ウィンドウの［マップ］にレイヤー（「注記（地形図）」、「地形図（World Topographic Map）」等）がある場合は、レイヤーを右クリック→［削除］します。（削除しないで残しておいても構いません。）

［カタログ］ウィンドウの「フォルダー」から、演習用データの「gisdata¥e-stat¥census¥H27sarea」フォルダーの「千代田区 _ 小地域 .shp」、「中央区

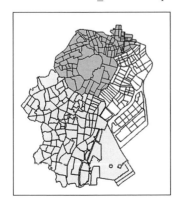

図 6-37　東京都の千代田区、中央区、港区

_ 小地域 .shp」、「港区 _ 小地域 .shp」をマップにドラッグして追加します（図 6-37）。以降、本演習で作成するデータはこのフォルダー内に保存します。（「フォルダー」にデータが見あたらない場合は、「フォルダー」を右クリック→［フォルダー接続の追加］をクリックして、「gisdata」フォルダーに接続します。）

ステップ 2：マージの実行

［解析］タブの［ツール］ボタンをクリックします。［ジオプロセシング］ウィンドウが開いたら、［ツールボックス］を選択し、［データ管理ツール］→［一般］→［マージ（Merge）］をクリックします（図 6-38）。

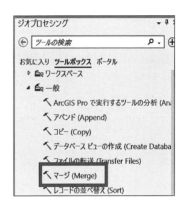

図 6-38　［マージ］ツール

［マージ］が起動したら、次のように設定します（図 6-39）。［入力データセット］では、「千代田区 _ 小地域」、「中央区 _ 小地域」、「港区 _ 小地域」を 1 つずつ選択します。［出力データセット］では、「都

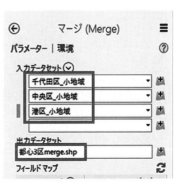

図 6-39　［マージ］の設定

心 3 区 merge.shp」とします。[実行]ボタンをクリックします。

千代田区、中央区、港区を統合した「都心 3 区 merge」が出力され、マップに追加されます（図 6-40）。

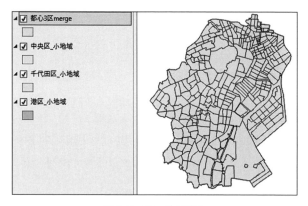

図 6-40　マージの結果

ステップ 3：アペンドのデータの準備

次は、アペンドを使って、千代田区、中央区、港区を統合して、都心 3 区を作成してみましょう。マージと結果は同じですが、既存のデータに追加していく点が異なります。

[カタログ] ウィンドウを開き、演習用データの「gisdata¥e-stat¥census¥H27sarea」フォルダの「千代田区＿小地域 .shp」を右クリック→［コピー］を選択します。「H27sarea」フォルダーを右クリックし、[貼り付け] をクリックします。

作成された「千代田区＿小地域＿1.shp」を右クリック→［名前の変更］をクリックし、「都心 3 区 append.shp」にシェープファイル名を変更します。

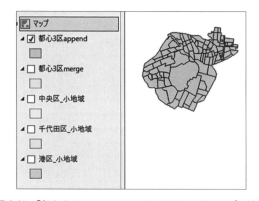

図 6-41　「都心 3 区 append.shp」（千代田区）をマップに追加

「都心 3 区 append.shp」をマップにドラッグして追加します。[コンテンツ] ウィンドウの「都心 3 区 append」以外のレイヤーのチェックをはずし、「都心 3 区 append」だけ表示します。現在は、千代田区だけのデータになっていることを確認します（図 6-41）。

ステップ 4：アペンドの実行

[解析] タブの [ツール] ボタンをクリックします。[ジオプロセシング] ウィンドウが開いたら、[ツールボックス] の [データ管理ツール]→[一般]→[アペンド（Append）] をクリックします（図 6-42）。

図 6-42　[アペンド] ツール

[アペンド] が起動したら、次のように設定します（図 6-43）。[入力データセット] のプルダウンリストから、「中央区＿小地域」、「港区＿小地域」をそれぞれ選択します。[ターゲットデータセット] のプルダウンリストから、「都心 3 区 append」を選択します。[実行] ボタンをクリックします。

図 6-43　[アペンド] の設定

［アペンド］の結果、「都心3区append」（元は千代田区のみ）に港区、中央区が結合されたことを確認します（図6-44）。

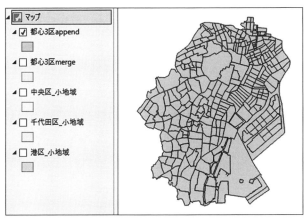

図6-44 ［アペンド］の結果

練習問題

［マージ］ツール（または［アペンド］ツール）の活用事例を考えてみましょう。

演習：ディゾルブ（Dissolve）

町丁単位の都心3区（千代田区、港区、中央区）を区単位にディゾルブして、区単位のシェープファイルを作成します。区単位にディゾルブをする際に、人口と世帯数の合計を計算します。ディゾルブした3区を個別値で表示し、区名と人口でラベリングをします。

具体的には、以下のステップで演習を行います。

1. データの準備
2. ディゾルブに使用するフィールドの確認
3. ディゾルブの実行
4. シンボルの変更
5. ラベリング

使用データ：

・都心3区_小地域.shp：東京都千代田区・中央区・港区をマージした町丁界データ。（e-Statの平成27年国勢調査（小地域）の境界データを用いて作成。）

ステップ1：データの準備

ArcGIS Proを起動し、［挿入］タブの［新しいマップ］ボタンをクリックし、新しいマップを開きます。［コンテンツ］ウィンドウの［マップ］にレイヤー（「注記（地形図）」、「地形図（World Topographic Map）」等）がある場合は、レイヤーを右クリック→［削除］します。（削除しないで残しておいても構いません。）

［カタログ］ウィンドウの「フォルダー」から、演習用データの「gisdata¥dissolve¥都心3区_小地域.shp」をマップにドラッグして追加します（図6-45）。以降、本演習で作成するデータはこのフォルダー内に保存します。（「フォルダー」にデータが見あたらない場合は、「フォルダー」を右クリック→［フォルダー接続の追加］をクリックして、「gisdata」フォルダーに接続します。）

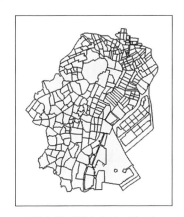

図6-45 「都心3区」データ

ステップ2：ディゾルブに使用するフィールドの確認

［コンテンツ］ウィンドウの「都心3区_小地域」を右クリック→［属性テーブル］を選択します。テーブル（図6-46）の「GST_NAME」フィールドに区の名前、「JINKO」フィールドに人口総数、「SETAI」フィールドに世帯総数が入っていることを確認します。テーブル下部に「0 / 357が選択されました」と表示され、レコード（町丁）数が357であることを確認します。［テーブル］を閉じます。

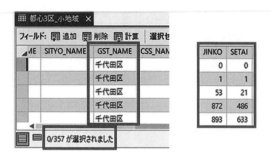

図 6-46 「都心 3 区 _ 小地域」のテーブル

ステップ 3：ディゾルブの実行

［解析］タブの［ツール］ボタンをクリックします。［ジオプロセシング］ウィンドウが開いたら、［ツールボックス］の［データ管理ツール］→［ジェネラライズ］→［ディゾルブ（Dissolve）］をクリックします（図 6-47）。

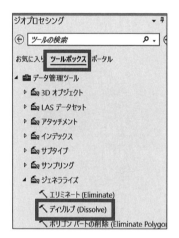

図 6-47 ［ディゾルブ］ツール

［ディゾルブ］が起動したら、次のように設定します（図 6-48）。［入力フィーチャ］のプルダウンリストから、「都心 3 区 _ 小地域」を選択します。［出力フィーチャクラス］は「都心 3 区 _ 区域 .shp」とします。［ディゾルブフィールド］は「GST_NAME」にチェックを入れます。［統計フィールド］で「JINKO」、「SETAI」を選び、それぞれの［統計の種類］で「合計」を選びます。［実行］ボタンをクリックします。

区単位にディゾルブした「都心 3 区 _ 区域」がマップに追加されます（図 6-49）。

［コンテンツ］ウィンドウの「都心 3 区 _ 区

域」を右クリック→［属性テーブル］を選択します。レコード数が 3 になり、区単位の人口総数が「SUM_JINKO」フィールドに、世帯総数が「SUM_SETAI」フィールドに集計されました（図 6-50）。

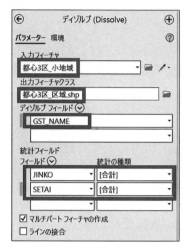

図 6-48 ［ディゾルブ］の設定

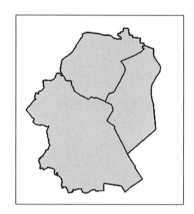

図 6-49 ディゾルブ：「都心 3 区 _ 区域」

FID	Shape	GST_NAME	SUM_JINKO	SUM_SETAI
0	ポリゴン	港区	243283	130562
1	ポリゴン	千代田区	58406	33262
2	ポリゴン	中央区	141183	79272

図 6-50 「都心 3 区 _ 区域」のテーブル

ステップ 4：シンボルの変更

［コンテンツ］ウィンドウの「都心 3 区 _ 区域」をクリックして選択し、［表示設定］タブの［シン

ボル］ボタンをクリックします。

　［シンボル］が起動したら、次のように設定します（図 6-51）。［シンボル］で「個別値」を選択します。［値フィールド］の［フィールド 1］で「GST_NAME」（区名）を選択します。［すべての値を追加］ボタン（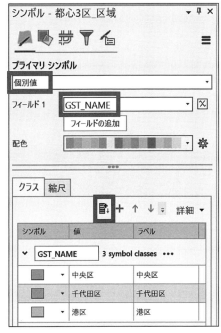）をクリックします。［配色］で個別値表示したい色を選択します。マップで個別色表示を確認したら（図 6-52）、［シンボル］を閉じます。

図 6-51　［シンボル］の設定

図 6-52　「GST_NAME」（区名）で個別値色表示

ステップ 5：ラベリング

　区名と人口総数がわかるように、ラベリングして

みましょう。

　［コンテンツ］ウィンドウの「都心 3 区 _ 区域」をクリックして選択します。［ラベリング］タブを選択し［ラベル］ボタンをクリックします。［式］ボタンをクリックします（図 6-53）。［ラベル クラス］が開いたら、［クラス］を選択した状態で、次のように条件式を入力します（図 6-54）。［フィールド］の「GIS_NAME」をダブルクリック→「+ ' \ n' +」と半角で入力→［フィールド］の「SUM_JINKO」をダブルクリック→「+ " 人 "」と半角で入力します。条件式に、「$feature.GST_NAME + ' \ n' + $feature.SUM_JINKO + " 人 "」と入力されていることを確認し、［適用］ボタンをクリックします。（「+」は前後をつなぎます。「' \ n'」と入力すると、改行します。）

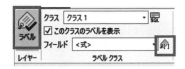

図 6-53　［ラベル］と［式］ボタン

図 6-54　ラベルの設定

　設定したラベルがマップに表示されます（図 6 55）。

図6-55　ラベリングしたマップ画面

練習問題

1. 図6-55の地図に、世帯数も表示するようにラベリングしてみましょう。
2. ［ディゾルブ］ツールの活用事例を考えてみましょう。

演習：フィーチャのエクスポート

駅データから都心主要4駅（新宿駅、池袋駅、東京駅、渋谷駅）を選択し、それら都心主要4駅だけのデータを作成します。（上記4駅は、山手線内における2015年度乗降客数の上位4駅です。）

具体的には、以下のステップで演習を行います。

1. データの準備
2. 属性検索で都心主要駅を選択
3. フィーチャのエクスポートの実行
4. ラベリング

使用データ：

・行政区域_東京23区.shp：東京23区の境界データ。（国土数値情報平成27年行政区域データを用いて筆者が加工・作成。）

・駅_東京23区.shp：東京23区内の駅データ。（国土数値情報平成27年鉄道データを用いて筆者が加工・作成。）

ステップ1：データの準備

ArcGIS Proを起動し、［挿入］タブの［新しいマップ］ボタンをクリックし、新しいマップを開

きます。［コンテンツ］ウィンドウの［マップ］にレイヤー（「注記（地形図）」、「地形図（World Topographic Map）」等）がある場合は、レイヤーを右クリック→［削除］します。（削除しないで残しておいても構いません。）

［カタログ］ウィンドウの「フォルダー」から、演習用データの「gisdata¥export」フォルダーの「行政区域_東京23区.shp」、「駅_東京23区.shp」をマップにドラッグして追加します（図6-56）。以降、本演習で作成するデータはこのフォルダー内に保存します。（「フォルダー」にデータが見あたらない場合は、「フォルダー」を右クリック→［フォルダー接続の追加］をクリックして、「gisdata」フォルダーに接続します。）

図6-56　データの追加

ステップ2：属性検索で都心主要4駅を選択

［コンテンツ］ウィンドウの「駅_東京23区」を右クリック→［属性テーブル］を選択します。「N02_005」フィールドに駅名が入っていることを確認します（図6-57）。

図6-57　「N02_005」（駅名）フィールド

［マップ］タブの［属性条件で選択］ボタンをクリックします。［属性検索］が開いたら、次のように設定します（図6-58）。［入力テーブル］で「駅_

東京 23 区」を選択します。［選択タイプ］で「新規
選択セット」を選択します。「Where 句」に続けて、
「N02_005」が「新宿」「と等しい」と設定します。（「新
宿」は、プルダウンから「新宿」を選ぶか、空欄に
「新宿」と入力します。）［項目の追加］をクリックし、
「Or」「N02_005」が「池袋」「と等しい」と設定し
ます。同様に、［項目の追加］をクリックして、「Or」
「N02_005」が「東京」「と等しい」と設定します。［項
目の追加］をクリックして、「Or」「N02_005」が「渋
谷」「と等しい」と設定します。［OK］ボタンをクリッ
クします。

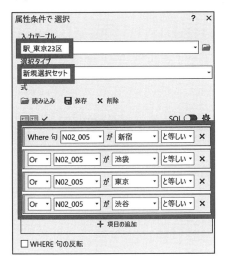

図 6-58　［属性検索］の設定

　選択された都心主要 4 駅が水色にハイライト表示
されます（図 6-59）。

図 6-59　選択された都心主要 4 駅

　テーブル下部に「37/701 が選択されました」と
表示され、37 個のフィーチャが選択されているこ
とを確認します（図 6-60）。（各駅は複数あるため、
37 個あります。）

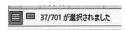

図 6-60　選択されたフィーチャ数

ステップ 3：フィーチャのエクスポートの実行

　［コンテンツ］ウィンドウの「駅_東京 23 区」
を選択し、その状態で［データ］タブの［フィー
チャのエクスポート］ボタンをクリックします（図
6-61）。（「駅_東京 23 区」を右クリック→［データ］
→［フィーチャのエクスポート］をクリックしても
構いません。）

図 6-61　［フィーチャのエクスポート］ボタン

　［フィーチャのエクスポート］が起動したら、次
のように設定します（図 6-62）。［入力フィーチャ］
は「駅_東京 23 区」、［出力場所］は「駅_東京 23
区.shp」と同じフォルダー、［出力名］は「都心主
要 4 駅.shp」とします。［OK］ボタンをクリックし
ます。

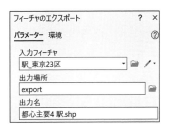

図 6-62　［フィーチャのコピー］の設定

　マップに「都心主要 4 駅」が追加されたら、［マッ
プ］タブの［選択解除］ボタンをクリックして、選
択解除します。

ステップ 4：シンボルの変更

　［コンテンツ］ウィンドウの「都心主要 4 駅」の
シンボルをクリックします（図 6-63）。
　［ライン シンボルの書式設定］が開いたら、［プ

ロパティ］を選択し、［色］は赤、［ライン幅］は「4 pt」
を選び（図 6-64）、［適用］ボタンをクリックします。

図 6-63　シンボル

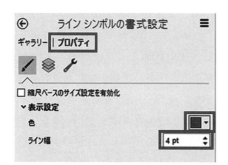

図 6-64　ライン シンボルの書式設定

　都心主要 4 駅が太い赤色で表示されます（図
6-65）。

図 6-65　シンボル変更後の都心主要 4 駅

第7章　テーブルデータの操作・演算・結合

解説：

テーブルデータの基礎知識

　テーブルデータには、属性テーブルとスタンドアロン テーブルがあります。属性テーブルは、フィーチャクラスの属性を格納します。シェープファイルの属性がその例です。スタンドアロン テーブルは、テーブルだけが独立したものです。Excelのワークシートや CSV ファイル、dBASE ファイル等があります。

　テーブルの構成を図7-1に示します。ArcGISでは、行をレコード、列をフィールドと呼びます。

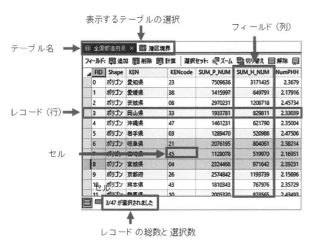

図 7-1　テーブルの構成

テーブルのナビゲーションと配置

　テーブル上部には、テーブルのタブが表示されます。複数のテーブルを開いている場合、特定のテーブルのタブをクリックすると、そのテーブルが表示されます。

　複数のテーブルを上下、または左右に並べて表示したいときは、テーブルのタブを右クリック→［新規タブグループを上下に並べる］または［新規タブ

グループを左右に並べる］を選択します（図 7-2）。

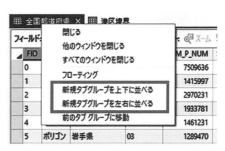

図 7-2　タブグループを上下／左右に並べる

　整列させたいテーブルのタブをテーブル画面方向にドラッグしても、並列して表示できます。ドッキング ターゲットが表示されたら、整列させたいターゲットにポインターを合わせてドロップします。左右に整列した例を図 7-3 に示します。元の表示に戻したい場合は、テーブルのタブをドラッグして、ドッキング ターゲットの中央のターゲットにポインターを合わせてドロップします。

図 7-3　テーブルを左右に並列表示

フィールドの追加・削除

　フィールドを追加するには、テーブルの［フィールドの追加］ボタンをクリックします（図 7-4）。

　あるいは、［コンテンツ］ウィンドウのレイヤーを選択→リボンの［データ］タブをクリック→

図 7-4　［フィールドの追加］ボタン

［フィールド］をクリックします。［フィールド］
タブ→［新しいフィールド］ボタンをクリックし
ます（図7-5）。

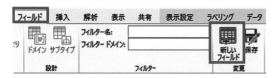

図7-5　［新しいフィールド］ボタン

フィールドを追加する際には、格納したいデータ
に適したデータ タイプ（表7-1）を指定します。

表7-1　データ タイプ

タイプ	説　明
Short	短い整数値（土地利用コード、ダミー変数など）
Long	長い整数値（人口など）
Float	全桁数6桁の浮動小数点数（パーセントなど）
Double	全桁数15桁の浮動小数点数（高精度な面積など）
Text	文字列（名前、住所など）
Date	日付と時刻

フィールドを削除するには、削除したいフィー
ルドを選択し、テーブル上部の［フィールドの削除］
ボタンをクリックします（図7-6）。

図7-6　［フィールドの削除］ボタン

あるいは、削除したいフィールド名を右クリッ
ク→［削除］を選択します（図7-7）。

図7-7　フィールドの削除

次の方法でも、フィールドを削除できます。［コ
ンテンツ］ウィンドウのレイヤーを選択→リボン
の［データ］タブをクリック→［フィールド］を
クリックします。削除したいフィールドを選択し、

［フィールド］タブ→［削除］ボタンをクリックし
ます（図7-8）。

図7-8　フィールドの削除

多数のフィールドを同時に削除したい場合は、
ジオプロセシングの［フィールドの削除］ツール
が便利です（図7-9）。［ツールボックス］の［デー
タ管理ツール］→［フィールド］→［フィールド
の削除］で起動します。

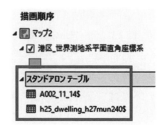

図7-9　［フィールドの削除］ツール

テーブルデータの追加

ArcGIS Proには、csvファイル、Excelファイル等、
テーブルだけのデータ（スタンドアロン テーブル）
を追加することができます。スタンドアロン テー
ブルを追加すると、図7-10のように、［コンテンツ］
ウィンドウに「スタンドアロン テーブル」が追加
されます。

図7-10　［コンテンツ］ウィンドウのスタンドアロン テーブル

［Excel］ツールセット

ArcGIS Proのテーブルは、Excel形式に変換でき
ます。［ジオプロセシング］の［ツールボックス］→［変

換ツール]→[Excel]→[テーブル→Excel]ツールを使います。[Excel→テーブル]ツールを使うと、Excel ファイルを ArcGIS Pro のテーブルに変換することができます（図 7-11）。

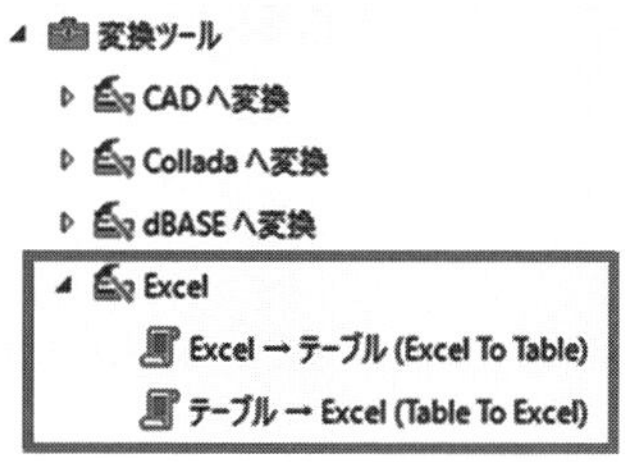

図 7-11　[Excel] ツールセット

フィールド演算

　フィールド演算とは、テーブルのフィールドに対して演算を行い、結果の値を格納することです。フィールド演算を行うには、テーブル上部の［フィールド演算］ボタンをクリックします（図7-12）。

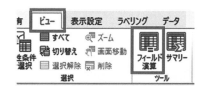

図 7-12　テーブル上部の［フィールド演算］ボタン

　あるいは、属性テーブルを選択→［ビュー］タブ→［フィールド演算］ボタンをクリックします（図7-13）。

図 7-13　[ビュー] タブの [フィールド演算] ボタン

　計算は Python を使用して実行されます。フィールド名は感嘆符で囲みます（!fieldname!）。演算の例を表 7-2 に示します。

　ポイント：レコードが選択されている状態でフィールド演算を実行すると、選択レコードに対してのみ演算を行います。ダミー変数の作成などに便利です。

表 7-2　演算・Python の例

関数	
x + y	x に y を加算
x - y	x から y を減算
x * y	x に y を乗算
x / y	x を y で除算
x // y	x を y で除算（切り捨て除算）
x % y	x を y で除算した剰余
x ** y	x の y 乗
max([!field1!, !field2!, !field3!])	field1、field2、field3の最大値
sum([!field1!, !field2!, !field3!])	field1、field2、field3の合計値
round(!area!, 2)	areaの値を小数点第2位に四捨五入

文字列	
!CITY_NAME!.capitalize()	CITY_NAMEの最初の文字を大文字に変更。
!CITY_NAME!.rstrip()	CITY_NAMEの最後にある空白をすべて除去。
!STATE_NAME!.replace("california", "California")	STATE_NAMEの「california」を「California」に置換。
!SUB_REGION![-3:]	SUB_REGIONの右から3文字目を返します。
!SUB_REGION! + " " + !STATE_ABBR!	SUB_REGIONとSTATE_ABBRを、スペースを区切り文字に連結。

ジオメトリ	
!shape.area!	フィーチャの面積を計算
!shape.length!	フィーチャの長さを計算

アドバイス：面積、長さ、重心の座標等のジオメトリ プロパティを得たい場合

　フィールド演算では、面積（!shape.area!）、長さ（!shape.length!）等のジオメトリ プロパティを計算することができます。ジオメトリ プロパティを計算する際は、データの座標系を投影座標系（単位が距離）にしておくことを推奨します。データの座標系が地理座標系（単位が角度（緯度経度））の場合、求める結果にならない可能性があります。

　ジオメトリ プロパティを得るには、フィールド演算を使わずに、ジオプロセシングの［ツールボックス］→［データ管理ツール］→［フィーチャ］→［ジオメトリ属性の追加］ツールを使う方法があります（図 7-14）。このツールを使うと、図 7-15 に示すように、フィーチャの長さや面積、重心の座標等、様々なジオメトリ プロパティを属性テーブルに追加できます。

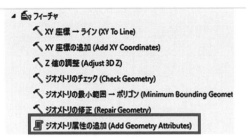

図 7-14 ［ジオメトリ属性の追加］ツール

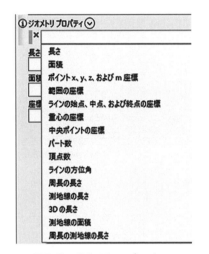

図 7-15 ジオメトリ プロパティ

テーブル結合

　テーブル結合は、両方のテーブルに共通する
フィールドを用いて、テーブルを結合します（図
7-16）。共通フィールドのデータ タイプは一致して
いる必要があります。

KENcode	SUM_P_NUM	SUM_H_NUM
38	1415997	649791
08	2970231	1208718
33	1933781	829811
47	1461231	621790
03	1289470	520986

共通フィールド

都道府県	KENCODE	事業所数	従業者数
北海道	01	252036	2445372
青森県	02	62963	575797
岩手県	03	63093	595288
宮城県	04	106438	1100860
秋田県	05	53593	465227

KENcode	SUM_P_NUM	SUM_H_NUM	都道府県	KENCODE	事業所数	従業者数
38	1415997	649791	愛媛県	38	69844	627644
08	2970231	1208718	茨城県	08	125804	1321449
33	1933781	829811	岡山県	33	88332	884932
47	1461231	621790	沖縄県	47	70329	609821

図 7-16 テーブル結合の例

**アドバイス：テーブル結合→フィーチャのエクス
ポート→編集・解析しよう**

　テーブル結合は解除できます。そのためか、テー
ブル結合した状態で編集・解析を行うと、処理が不
安定になったり、完了しないことがあります。そこ
で、テーブル結合したシェープファイル A を編集・
解析したい場合は、まず、結合した状態で［フィー
チャのエクスポート］を使い、シェープファイル B
を作成します。（シェープファイル B は、シェープ
ファイル A の複製ですが、シェープファイル B の
属性テーブルは、結合解除できません。）そして編集・
解析は、このシェープファイル B に対して実行す
ることを推奨します。

空間結合

　空間結合は、空間リレーションシップ（交差する、
含む等）に基づいてデータを結合します。空間結合
では、マッチ オプション（図 7-17）で空間リレーショ
ンシップを設定します。

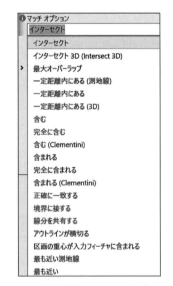

図 7-17 空間結合のマッチ オプション

　たとえば、保育所データに駅データを空間結合す
る際に、マッチ オプションで「最も近い」を選択
すると、保育所の属性テーブルに、保育所から最も
近い駅（最寄り駅）の属性を追加し、その最寄り駅
までの距離を計算することができます(図7-18)。（た
だし、この距離は直線距離です。道路上の距離等、
ネットワーク距離を計算したい場合は、ネットワー
ク解析を行う必要があります。）

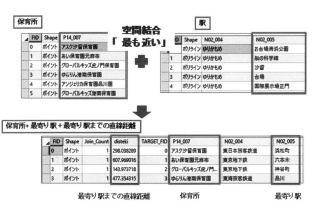

図 7-18　空間結合の例

テーブルデータの要約統計量

　[要約統計量]ツールを使うと、テーブルデータの要約統計量を計算することができます。[要約統計量]ツールを起動するには、テーブルのフィールド名を右クリック→[サマリー]を選択します（図7-19）。あるいは、テーブルを選択→[ビュー]タブ→[サマリー]ボタンをクリックします（図7-19）。

図 7-19　サマリー

　[要約統計量]ツールは、[ジオプロセシング]の[ツールボックス]→[解析ツール]→[統計情報]→[要約統計量]を選択しても、起動できます（図7-20）。

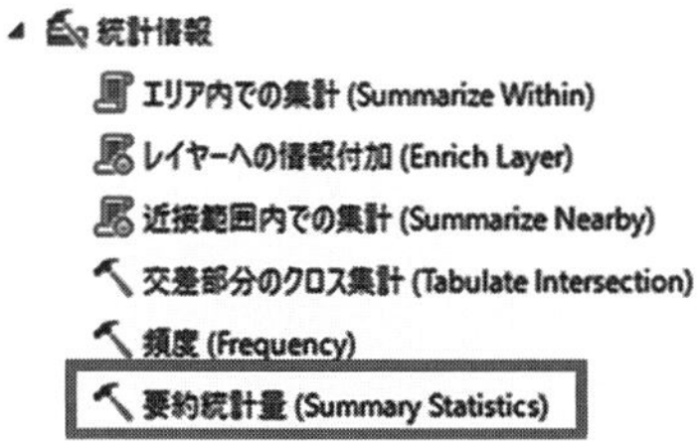

　◢ 統計情報
　　　エリア内での集計 (Summarize Within)
　　　レイヤーへの情報付加 (Enrich Layer)
　　　近接範囲内での集計 (Summarize Nearby)
　　　交差部分のクロス集計 (Tabulate Intersection)
　　　頻度 (Frequency)
　　　要約統計量 (Summary Statistics)

図 7-20　[要約統計量]ツール

　統計の種類は、合計、平均、最小、最大、範囲、標準偏差、個数、最初、最後、中央値、分散、個別値から選択できます（図7-21）。

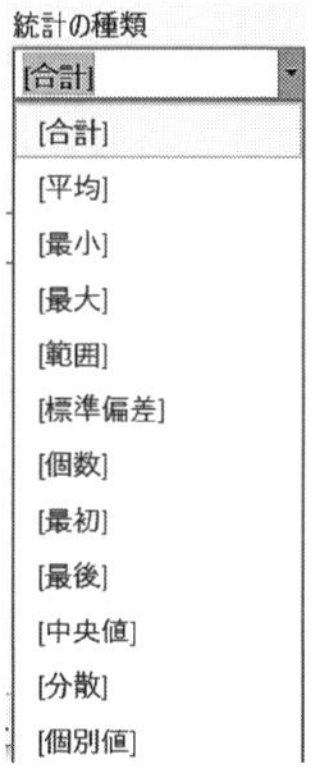

　たとえば図7-22は、各大学のポイントデータの属

性テーブルに対し、[要約統計量]ツールを用いて都道府県別の大学数を計算した例です。図7-23は、[要約統計量]ツールを用いて、その都道府県別大学数の平均、標準偏差、最小値、最大値を計算した例です。

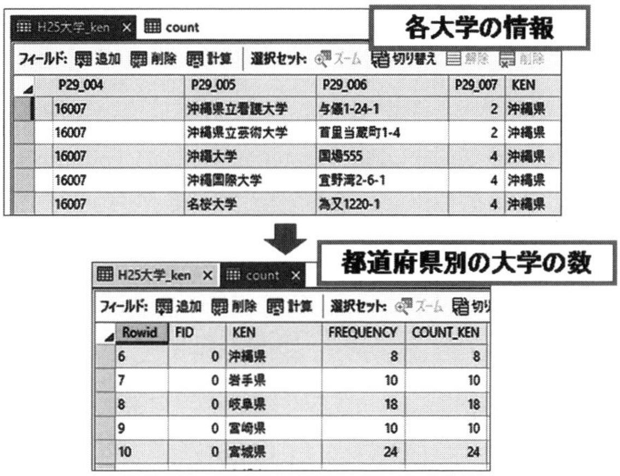

図 7-21　統計の種類

図 7-22　要約統計量1：都道府県別の大学数

図 7-23　要約統計量2：都道府県別大学数の統計情報

演習：フィールド演算

　フィールド演算を用いて都道府県別の世帯人員を計算し、その地図を作成します。
　演習は、次のステップで行います。
1. データの準備
2. フィールド演算による世帯人員の計算
3. 都道府県別世帯人員の地図作成

4. フィールド演算による面積の計算

5. フィールド演算による人口密度の計算

6. 都道府県別人口密度の地図作成

使用データ：

・全国都道府県界 .shp：国土地理院発行の数値地図（国土基本情報）および ESRI ジャパンの全国市区町村界データ（japan_ver81.shp）を使用して作成。

・全国市区町村界 a.shp：全国都道府県界 .shp をアルベルス正積円錐図法に投影変換して作成。

ステップ 1：データの準備

ArcGIS Pro を起動し、リボンの［挿入］タブの［新しいマップ］ボタンをクリックし、新しいマップを開きます。［コンテンツ］ウィンドウの［マップ］にレイヤー（「注記（地形図）」、「地形図（World Topographic Map）」等）がある場合は、レイヤーを右クリック→［削除］します。（削除しないで残しておいても構いません。）

［カタログ］ウィンドウの「フォルダー」から、演習用データの「gisdata¥table¥ 全国都道府県界 .shp」をビューにドラッグして追加します。以降、本演習で作成するデータはこの「gisdata¥table」フォルダー内に保存します。（「フォルダー」にデータが見あたらない場合は、「フォルダー」を右クリック→［フォルダー接続の追加］をクリックして、「gisdata」フォルダーに接続します。）

図 7-24 のように表示されます。

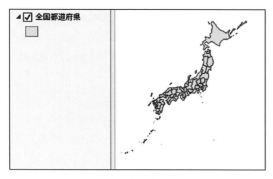

図 7-24　全国都道府県界の追加

ステップ 2：フィールド演算による世帯人員の計算

［コンテンツ］ウィンドウの「全国都道府県界」

を右クリック→「属性テーブル」を選択します。テーブル上部の［フィールドの追加］ボタン（🖩 追加）をクリックします。

「フィールド：全国等道府県」が開いたら、最下部の［フィールド名］で「NumPHH」（世帯人員）と入力します（図 7-25）。［データタイプ］では「Float」（全桁数 6 桁の浮動小数点数）を選択します。リボンの［フィールド］タブの［保存］ボタンをクリックします（図 7-26）。

▲	☑表示	■読み取り専用	フィールド名	エイリアス	データ タイプ	☑ NI
	☑	☐	SUM_P_NUM	SUM_P_NUM	Double	
	☑	☐	SUM_H_NUM	SUM_H_NUM	Double	
	☑	☐	**NumPHH**		**Float**	

図 7-25　「NumPHH」フィールドの追加

図 7-26　［保存］ボタン

「全国都道府県界」テーブルのタブをクリックし、「全国都道府県界」テーブルの右端に「NumPHH」フィールドが追加されたことを確認します（図 7-27）。

FID	Shape	KEN	KENcode	SUM_P_NUM	SUM_H_NUM	NumPHH
0	ポリゴン	愛知県	23	7509636	3171435	0
1	ポリゴン	愛媛県	38	1415997	649791	0
2	ポリゴン	茨城県	08	2970231	1208718	0

図 7-27　「NumPHH」フィールド

「NumPHH」をクリックし選択します。テーブル上部の［フィールド演算］ボタンをクリックします（図 7-28）。（あるいは、「NumPHH」の名前の上で右クリック→［フィールド演算］を選択します（図 7-29）。）

図 7-28　［フィールド演算］ボタン

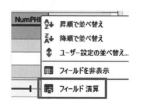

図 7-29　［フィールド演算］の選択

［フィールド演算］が起動したら、次のように設定します（図 7-30）。［フィールド］一覧から「SUM_P_NUM」（人口）を選んでダブルクリックします。演算式を入力する空白欄に「!SUM_P_NUM!」と自動的に入力されます。（フィールド名は感嘆符で囲みます。）続いて、［/］をクリック→［フィールド］一覧の「SUM_H_NUM」（世帯数）をダブルクリックします。演算式に「!SUM_P_NUM! / !SUM_H_NUM!」と自動入力されます。（手入力でも構いませんが、上記の要領で入力すると入力ミスを減らせます。）［OK］ボタンをクリックします。

図 7-30　フィールド演算の設定

フィールド演算の結果、世帯人員（人口 / 世帯数）が「NumPHH」に格納されます（図 7-31）。

NumPHH
2.3679
2.17916
2.45734
2.33039

図 7-31　「NumPHH」（人口 / 世帯数）

ステップ 3：都道府県別世帯人員の地図作成

開いている 2 つのテーブル（「フィールド：全国都道府県界」および「全国都道府県界」）のタブの「×」をそれぞれクリックしてテーブルを閉じます。

［コンテンツ］ウィンドウの「全国都道府県界」

をクリックします。リボンの［表示設定］タブの［シンボル］ボタンのプルダウンメニューから、［等級色］を選択します。

［シンボル］が開いたら、次のように設定します（図 7-32）。［シンボル］で「等級色」が選択されていることを確認します。［フィールド］で「NumPHH」を選択します。［手法］はデフォルトの「自然分類」、［クラス］は「6」とします。［配色］は等級色に適した色を選びます。

図 7-32　［シンボル］の設定：「NumPHH」

世帯人員（NumPHH）の等級色の地図がビューに表示されます（図 7-33）。都道府県別の世帯人員には地域差のあることがわかります。

図 7-33　世帯人員（NumPHH）の地図（等級色）

ステップ4：フィールド演算による面積の計算

　次に、フィールド演算を使い、ジオメトリ プロパティの1つである面積を計算してみましょう。面積を計算する際は、正積図法の使用を推奨します。そこで、正積図法の一つであるアルベルス正積円錐図法に投影変換した「gisdata¥table¥ 全国都道府県界a.shp」をビューにドラッグして追加します。データの座標系を確認してみましょう。

　［コンテンツ］ウィンドウの「全国都道府県a」を右クリック→［プロパティ］を選択します。［レイヤー プロパティ］が開いたら、［ソース］を選択→［空間参照］を展開し、座標系が「Asia North Albers Equal Area Conic」、［距離単位］が「メートル」であることを確認します（図 7-34）。［キャンセル］ボタンをクリックして［レイヤー プロパティ］を閉じます。

図 7-34　データの座標系と距離単位の確認

　［コンテンツ］ウィンドウの「マップ」を右クリック→［プロパティ］を選択します。［マップ プロパティ］が開いたら、［座標系］を選択します。［現在のXY］（座標系）が、はじめに追加した「全国都道府県 .shp」と同じ「Web メルカトル図法（球体補正）」になっています（図 7-35）。したがって、アルベルス正積円錐図法の「全国都道府県 a.shp」を、Web メルカトルで表示しています。

　次に、［マップ プロパティ］の［一般］を選択し、［マップ単位］が「メートル」になっていることを確認します（図 7-36）。［表示単位］を「メートル」に設定しておきます。［OK］ボタンをクリックします。

　［コンテンツ］ウィンドウの「全国都道府県界a」

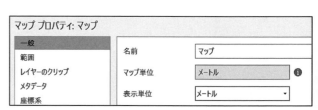

図 7-35　マップの座標系の確認

図 7-36　マップ単位の確認と表示単位の変更

を右クリック→「属性テーブル」を選択します。テーブル上部の［フィールドの追加］ボタン（追加）をクリックします。

　「フィールド：全国等道府県a」が開いたら、最下部の［フィールド名］で「AREA」（面積）と入力します。［データタイプ］では「Double」（全桁数15桁の浮動小数点数）を選択します（図 7-37）。リボンの［フィールド］タブの［保存］ボタン（保存）をクリックします。

☑表示	☐読み取り専用	フィールド名	エイリアス	データタイプ	☑NULLを
☑	☐	SUM_P_NUM	SUM_P_NUM	Double	☐
☑	☐	SUM_H_NUM	SUM_H_NUM	Double	☐
☑	☐	NumPHH	NumPHH	Float	☐
☑	☐	AREA		Double	☐

図 7-37　「AREA」フィールドの追加

　「全国都道府県界a」テーブルのタブをクリックし、テーブル右端に「AREA」フィールドが追加されたことを確認します（図 7-38）。

図 7-38　「AREA」フィールド

　「AREA」をクリックします。テーブル上部の［フィールド演算］ボタン（計算）をクリックします。（あるいは、「AREA」の名前の上で右クリッ

ク→［フィールド演算］を選択します。）

　［フィールド演算］が起動したら、次のように設定します（図 7-39）。［入力テーブル］は「全国都道府県 a」、［フィールド名］は「AREA」であることを確認します。演算式を入力する空白欄に「!shape.area!」と入力します。［OK］ボタンをクリックします。

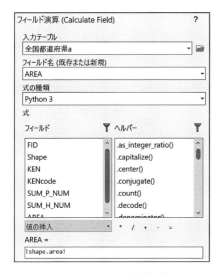

図 7-39　フィールド演算の設定

　フィールド演算の結果、面積（m²）が「AREA」に格納されます（図 7-40）。（なお正式な面積としては、国土地理院の「全国都道府県市区町村別面積調」等の公的な面積の使用を推奨します。）

図 7-40　「AREA」（面積（m²））

ステップ 5：フィールド演算による人口密度の計算

　「全国都道府県界」テーブル上部の［フィールドの追加］ボタン（追加）をクリックします。

　「フィールド：全国等道府県 a」が開いたら、最下部の［ノィールド名］で「PDNS」（人口密度）と入力し、［データタイプ］で「Long」（長整数）を選択します（図 7-41）。リボンの［フィールド］タブの［保存］ボタン（保存）をクリックします。

　「全国都道府県 a」テーブルのタブをクリックし、テーブル右端に「PDNS」フィールドが追加されたことを確認します（図 7-42）。

☑表示	▣読み取り専用	フィールド名	エイリアス	データタイプ	☑
☑	☐	SUM_H_NUM	SUM_H_NUM	Double	
☑	☐	NumPHH	NumPHH	Float	
☑	☐	AREA	AREA	Double	
☑	☐	PDNS		Long	

図 7-41　「PDNS」フィールドの追加

PDNS
0
0
0
0

図 7-42　「PDNS」フィールド

　「PDNS」を選択します。テーブル上部の［フィールド演算］ボタン（計算）をクリックします。（あるいは、「PDNS」の名前の上で右クリック→［フィールド演算］を選択します。）

　［フィールド演算］が起動したら、次のように設定します（図 7-43）。［フィールド］一覧から「SUM_P_NUM」（人口）を選んでダブルクリックします。演算式を入力する空白欄に「!SUM_P_NUM!」と自動的に入力されます。続いて、［/］をクリック→［フィールド］一覧の「AREA」（面積（m²））をダブルクリック→［*］ボタンをクリック→演算式の入力欄に、半角で「1000000」と入力しま

図 7-43　フィールド演算の設定

す。(これにより、「AREA」の単位を m² から km²
に変更します。人口密度は、通常、1平方キロメー
トル当たりの人口で表します。1平方メートル当
たりの人口(0未満になります)は通常、使われ
ません。)

演算式に「!SUM_P_NUM! / !AREA! * 1000000」
と入力されたことを確認します。(手入力しても構
いませんが、上記の要領で入力すると入力ミスを減
らせます。)[OK]ボタンをクリックします。

フィールド演算の結果、人口密度(人口 / km²)
が「PDNS」に格納されます(図 7-44)。

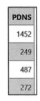

PDNS
1452
249
487
272

図 7-44 「PDNS」(人口 / km²)

ステップ 6:都道府県別人口密度の地図作成

開いている 2 つのテーブル(「フィールド:全国
都道府県界 a」および「全国都道府県界 a」)のタ
ブの「×」をそれぞれクリックしてテーブルを閉
じます。

[コンテンツ]ウィンドウの「全国都道府県界 a」
を右クリック→[シンボル]を選択します。

[シンボル]が開いたら、次のように設定します(図
7-45)。[シンボル]で「等級色」、[フィールド]で
「PDNS」を選択します。[手法]はデフォルトの「自
然分類」、[クラス]は「6」とします。[配色]は等

図 7-45 [シンボル]の設定:「PDNS」

級色に適した色を選びます。

人口密度(PDNS)の等級色の地図がビューに表
示されます(図 7-46)。都道府県別の人口密度にも
地域差のあることがわかります。

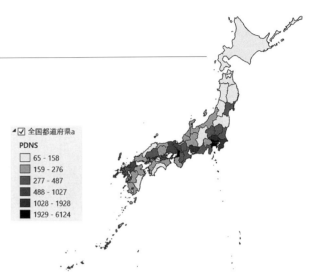

図 7-46 人口密度(PDNS)の地図(等級色)

演習:テーブル結合(属性結合)

全国都道府県界のシェープファイルに、経済セン
サスのテーブルデータを結合します。結合した属性
を利用して、都道府県別従業者密度の地図を作成し
ます。

演習は、次のステップで行います。

1. データの準備
2. 全国都道府県界に経済センサスのテーブルを結
   合
3. 都道府県別従業者密度の地図作成

使用データ:

・ 全国都道府県界 .shp:国土地理院発行の数値地図
  (国土基本情報)および ESRI ジャパンの全国市
  区町村界データ(japan_ver81.shp)を使用して作
  成。

・ econcensus.xls:平成 26 年経済センサス基礎調査
  (e-Stat)を用いて作成した都道府県別事業所数、
  従業者数等の Excel ファイル。

ステップ 1：データの準備

ArcGIS Pro を起動し、リボンの［挿入］タブの［新しいマップ］ボタンをクリックし、新しいマップを開きます。［コンテンツ］ウィンドウの［マップ］にレイヤー（「注記（地形図）」、「地形図（World Topographic Map)」等）がある場合は、レイヤーを右クリック→［削除］します。（削除しないで残しておいても構いません。）

［カタログ］ウィンドウの「フォルダー」から、演習用データの「gisdata¥table¥ 全国都道府県 .shp」をビューにドラッグして追加します。次に、「gisdata¥table¥econcensus.xls」を展開し、「econcensus$」シートをビューにドラッグして追加します。以降、本演習で作成するデータはこの「gisdata¥table」フォルダー内に保存します。（「フォルダー」にデータが見あたらない場合は、「フォルダー」を右クリック→［フォルダー接続の追加］をクリックして、「gisdata」フォルダーに接続します。）

図 7-47　データを追加した画面

図 7-47 のように表示されます。

ステップ 2：全国都道府県界に経済センサスのテーブルを結合

［コンテンツ］ウィンドウの「全国都道府県」を右クリック→［属性テーブル］を選択します。テーブルが開いたら、「KENcode」フィールドに都道府県コードが入っていることを確認します（図 7-48)。（都道府県コードは、各都道府県に固有の 2 桁のコードです。）

［コンテンツ］ウィンドウの「econcensus$」を右クリック→［開く］を選択します。「KENCODE」

フィールドに都道府県コードが入っていることを確認します（図 7-49)。

FID	Shape	KEN	KENcode
0	ポリゴン	愛知県	23
1	ポリゴン	愛媛県	38
2	ポリゴン	茨城県	08
3	ポリゴン	岡山県	33
4	ポリゴン	沖縄県	47

図 7-48　「全国都道府県」テーブルの「KENCode」

都道府県	KENCODE	事業所数	従業者数	事業所数_km2	従業者数_km2
北海道	01	252036	2445372	3.2	31.2
青森県	02	62963	575797	6.5	59.7
岩手県	03	63093	595288	4.1	39
宮城県	04	106438	1100860	14.6	151.1
秋田県	05	53593	465227	4.6	40

図 7-49　「econcensus$」テーブルの「KENCODE」

［コンテンツ］ウィンドウの「全国都道府県」を選択→［データ］タブ→［結合］ボタンの［結合］を選択します（図 7-50)。（あるいは、［コンテンツ］ウィンドウの「全国都道府県」を右クリック→［テーブルの結合とリレート］→［結合］を選択します。）

図 7-50　結合

［テーブルの結合］が起動したら、次のように設定します（図 7-51)。［入力テーブル］で「全国都道府県」、［レイヤー、テーブル ビューのキーとなるフィールド］で［KENcode］を選択します。［結合テーブル］で「econcensus$」、［結合テーブルフィールド］で「KENCODE」を選択します。［OK］ボタンをクリックします。

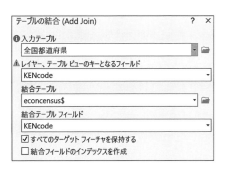

図 7-51　［テーブルの結合］の設定

図 7-52　結合後のテーブル

「全国都道府県」のテーブルに、「econcensus$」の属性が結合されます（図 7-52）。

ステップ 3：都道府県別従業者密度の地図作成

［コンテンツ］ウィンドウの「全国都道府県」を右クリック→［シンボル］を選択します。［シンボル］が開いたら、次のように設定します（図 7-53）。［プライマリシンボル］で「等級色」を選択します。

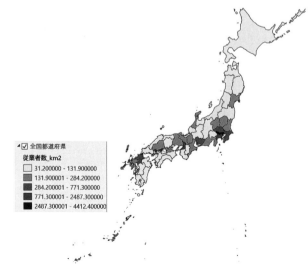

図 7-53　シンボルの設定

図 7-54　都道府県別従業者密度

［フィールド］で「従業者数 _km2」（1 平方キロメートル当たりの従業者数）、［配色］で等級色に適した配色を選択します。

マップに都道府県別従業者密度（1 平方キロメートル当たりの従業者数）が等級色で表示されます（図 7-54）。

演習：空間結合と要約統計量

保育所と駅のポイントデータで空間結合を行い、保育所に最寄り駅の属性を追加するとともに、最寄り駅までの距離を計算します。次に、駅別に、保育所と最寄り駅の距離の要約統計量を計算します。具体的には、以下のステップで演習を行います。

1. データの準備
2. データソースとマップの座標系と距離単位の確認
3. データソースの属性テーブルの確認
4. 空間結合による保育所から最寄り駅までの距離の計算
5. 保育所から最寄り駅までの距離の駅別要約統計量

使用データ：

・保育所 _ 港区 .shp：東京都港区の保育所データ。（国土数値情報平成 27 年福祉施設データを用いて著者が加工・作成。）

・駅 _ 港区周辺 .shp：東京都港区周辺の駅データ。（国土数値情報平成 27 年鉄道データを用いて著者が加工・作成。）

・港区境界 .shp：東京都港区の境界データ。（国土数値情報平成 27 年行政区域データを用いて著者が加工・作成。）

ステップ 1：データの準備

　ArcGIS Pro を起動し、リボンの［挿入］タブの
［新しいマップ］ボタンをクリックし、新しいマッ
プを開きます。［コンテンツ］ウィンドウの［マッ
プ］にレイヤー（「注記（地形図）」、「地形図（World
Topographic Map）」等）がある場合は、レイヤーを
右クリック→［削除］します。（削除しないで残し
ておいても構いません。）

　［カタログ］ウィンドウの「フォルダー」から、
演習用データの「gisdata¥table」フォルダーの「駅
_ 港区周辺」、「保育所 _ 港区 .shp」、「港区境界 .shp」
をビューにドラッグして追加します（図 7-55）。以降、
本演習で作成するデータは、ステップ 5 の要約統計
量をのぞき、この「gisdata¥table」フォルダー内に
保存します。（「フォルダー」にデータが見あたらな
い場合は、「フォルダー」を右クリック→［フォルダー
接続の追加］をクリックして、「gisdata」フォルダー
に接続します。）

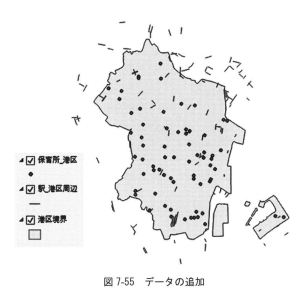

図 7-55　データの追加

ステップ 2：データソースとマップの座標系と 距離単位の確認

　空間結合を行う際には、結合するレイヤー、およ
びマップの座標系が同じ投影座標系であることを推
奨します。まず、データソースおよびマップの座標
系と距離単位を確認しましょう。［コンテンツ］ウィ

ンドウの「保育所 _ 港区」を右クリック→［プロ
パティ］を選択します。［レイヤー プロパティ］が
開いたら、［ソース］を選択→［空間参照］を展開
し、投影座標系が「平面直角座標系 第 9 系（JGD
2000）」、［距離単位］が「メートル」であることを
確認します（図 7-56）。同様に、「駅 _ 港区周辺」
も座標系が「平面直角座標系 第 9 系 (JGD 2000)」、
［距離単位］が「メートル」であることを確認しま
す。［キャンセル]ボタンをクリックして、[レイヤー
プロパティ］を閉じます。

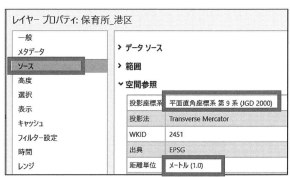

図 7-56　座標系と距離単位の確認

　［コンテンツ］ウィンドウの「マップ」を右クリッ
ク→［プロパティ］を選択します。［マップ プロパ
ティ］が開いたら、［座標系］を選択し、［現在の
XY］（座標系）が、データソースと同じ「平面直角
座標系 第 9 系 (JGD 2000)」になっていることを確
認します（図 7-57）。

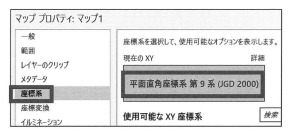

図 7-57　マップの座標系の確認

　次に、［マップ プロパティ］の［一般］を選択し、
［マップ単位］が「メートル」になっていることを
確認します（図 7-58）。［表示単位］を「メートル」
に設定します。［OK］ボタンをクリックします。

図 7-58　マップ単位の確認と表示単位の変更

ステップ 3：データソースの属性テーブルの確認

　[コンテンツ] ウィンドウの「保育所_港区」を右クリック→ [属性テーブル] を選択し、「P14_007」フィールドに保育所名が格納されていることを確認します（図 7-59）。同様に、「駅_港区周辺」のテーブルを開き、「N02_005」フィールドに駅名が格納されていることを確認します（図 7-60）。

▲	FID	Shape	P14_007
	0	ポイント	アスク汐留保育園
	1	ポイント	あい保育園元麻布
	2	ポイント	グローバルキッズ虎ノ門保育園
	3	ポイント	ゆらりん港南保育園
	4	ポイント	アンジェリカ保育園品川園
	5	ポイント	グローバルキッズ港南保育園

図 7-59　「保育所_港区」のテーブル

▲	FID	Shape	N02_004	N02_005
	0	ポリライン	ゆりかもめ	お台場海浜公園
	1	ポリライン	ゆりかもめ	船の科学館
	2	ポリライン	ゆりかもめ	汐留
	3	ポリライン	ゆりかもめ	台場
	4	ポリライン	ゆりかもめ	国際展示場正門

図 7-60　「駅_港区周辺」のテーブル

ステップ 4：空間結合による保育所から最寄り駅までの距離の計算

　[コンテンツ] ウィンドウの「保育所_港区」を選択→ [データ] タブ→ [空間結合] ボタンを選択します（図 7-61）。（あるいは、[コンテンツ] ウィンドウの「保育所_港区」を右クリック→ [テーブルの結合とリレート] → [空間結合] を選択します。）

　[空間結合] が起動したら、次のように設定します（図 7-62）。[フィーチャーの結合] で「駅_港

区周辺」を選択します。[出力フィーチャクラス]で「保育所_港区_SpatialJoin1.shp」と設定します。[結合方法] ではデフォルトの「1 対 1 の結合」、[マッチオプション] で「最も近い」を選択します。[検索範囲] は「2000」メートルとします。（2000 メートルに設定すると、検索できない駅はありません。）[距離フィールド名] は「disteki」とします。[OK]ボタンをクリックします。

図 7-61　[空間結合] ボタン

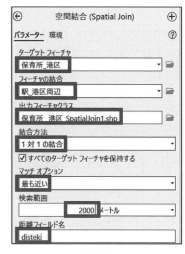

図 7-62　空間結合の設定

　空間結合が成功すると、「保育所_港区_SpatialJoin1」がマップに追加されます（図 7-63）。

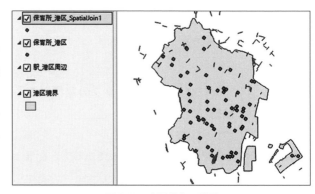

図 7-63　空間結合の結果

	OBJECTID *	Shape *	Join_Count	disteki	TARGET_FID	P14_007	N02_004	N02_005
1	1	ポイント	1	298.038289	0	アスク汐留保育園	東日本旅客鉄道	浜松町
2	2	ポイント	1	607.969016	1	あい保育園元麻布	東京地下鉄	六本木
3	3	ポイント	1	143.973718	2	グローバルキッズ虎ノ…	東京地下鉄	神谷町
4	4	ポイント	1	477.354315	3	ゆらりん港南保育園	東海旅客鉄道	品川

図 7-64　空間結合の結果のテーブル

　[コンテンツ] ウィンドウの「保育所 _ 港区 _ SpatialJoin1」を右クリック→ [属性テーブル] を選択します。テーブルが開きます（図 7-64）。空間結合の結果、各保育所の属性（「P14_007」フィールド）に、各保育所から最も近い駅（すなわち、最寄り駅）の属性（「N02_005」フィールド）が追加されるとともに、その最寄り駅までの直線距離が「disteki」フィールドに格納されました（図 7-64）。座標系の距離単位がメートルであるため、距離の単位はメートルになります。たとえば、「アスク汐留保育園」は、最寄り駅が「浜松町」で、その浜松町駅までの直線距離が約 298 m であることがわかります。

ステップ 5：保育所から最寄り駅までの距離の駅別要約統計量

　次に、要約統計量を用いて、駅別に、その駅を最寄り駅とする保育所と駅との距離の平均、標準偏差、最小値、最大値を計算してみましょう。

　「保育所 _ 港区 _SpatialJoin1」テーブルの「disteki」を右クリック→ [サマリー] を選択します（図 7-65）。

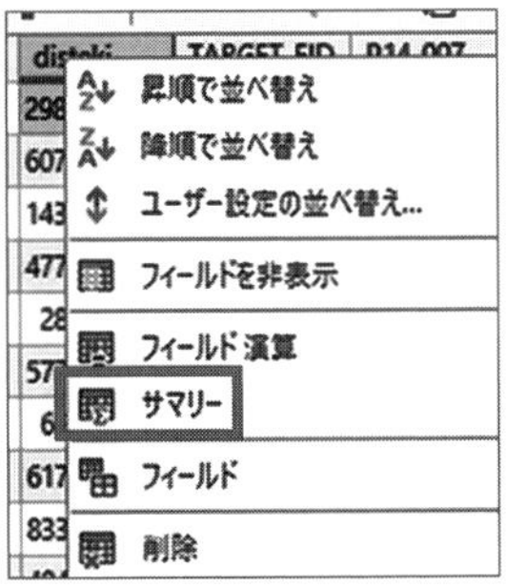

図 7-65　サマリー

　[要約統計量] が起動したら、次のように設定します（図 7-66）。[出力テーブル] はデフォル

トのパス（「…gdb¥」）の中で「保育所 _ 港区 _ SpatialJoin1_Stat」とします。（「…gdb¥」（ジオデータベース）の中に保存しないと、要約統計量の出力は失敗する可能性があります。）[統計フィールド] の [フィールド] と [統計の種類] を、図 7-66 のように、「disteki」の「平均」、「標準偏差」、「最小」、「最大」を計算するように設定します。[ケースフィールド] で「N02_005」（駅名）を選択します。（こうすることで、駅別に、駅とその駅を最寄り駅とする保育所との距離の要約統計量を計算します。）[OK] ボタンをクリックします。

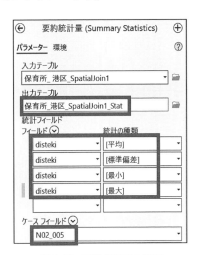

図 7-66　要約統計量の設定

　[コンテンツ] ウィンドウのスタンドアロン テーブルに「保育所 _ 港区 _SpatialJoin1_Stat」が追加されます（図 7-67）。

▲ スタンドアロン テーブル
　　▦ 保育所_港区_SpatialJoin1_Stat

図 7-67　要約統計量テーブル

　「保育所 _ 港区 _SpatialJoin1_Stat」を右クリック→ [開く] を選択します。駅別に、それぞれの駅を

OBJECTID	N02_005	FREQUENCY	MEAN_disteki	STD_disteki	MIN_disteki	MAX_disteki
1	お台場海浜公園	2	114.792479	8.986728	108.437902	121.147055
2	外苑前	1	357.902641	0	357.902641	357.902641
3	広尾	5	427.803122	115.031226	286.648221	596.186522
4	高輪台	2	238.437954	289.848164	33.484352	443.391557
5	三田	6	211.222492	139.373318	72.014879	403.572382
6	芝浦ふ頭	3	441.415489	82.792043	349.728194	510.702736
7	芝公園	1	72.63169	0	72.63169	72.63169

図 7-68　要約統計量の計算結果

最寄り駅とする保育所の数（FREQUENCY）、保育
所と最寄り駅との距離の平均（MEAN_disteki）、標
準偏差（STD_disteki）、最小値（MIN_disteki）、最
大値（MAX_disteki）が計算されました（図 7-68）。
たとえば、三田駅を最寄り駅とする保育所は 6 施
設あり、その 6 施設の保育所と三田駅との距離の
平均は約 211 m、標準偏差は約 139 m、最小値は約
72 m、最大値は約 404 m であることがわかります。

第8章

空間データの活用
：国土数値情報

解説：国土数値情報と活用のポイント

「国土数値情報」とは、国土政策の推進に資するために、国土に関する基礎的な情報を GIS で扱える形式で整備した空間データです。「国土数値情報ダウンロードサービス」（https://nlftp.mlit.go.jp/ksj/）は、この国土数値情報を無償でダウンロードできるサービスです。1. 国土（水・土地）、2. 政策区域、3. 地域、4. 交通、5. 各種統計に関する様々な空間データが提供されています。

国土数値情報を活用する主なポイントと注意点を以下にまとめます。

- 使用する時点で最新のデータと情報を確認しましょう。（頻繁にデータが更新・追加されています。）
- シェープファイルや GeoJSON のファイル形式の空間データをダウンロードできるため、GIS ですぐに使えます。
- データの属性情報は、各データをクリックすると表示される、「データのダウンロード（2. データ詳細）」ページの「属性情報」、同ページからダウンロードできる場合は「SHAPE ファイルの属性について」のファイル（Excel ファイル）、「製品仕様書」に記載されています。最新ではない過去のデータをダウンロードする際は、ページ上部のデータ基準年に対応する製品仕様書等の情報を確認し、過去の製品仕様書に基づくようであれば、そのリンク先を参照しましょう
- 各データの座標系は、「データのダウンロード（2. データ詳細）」ページの「座標系」に記載されています。「JGD 2000 /（B, L）」は世界測地系緯度経度（JGD 2000）、「JGD 2011 /（B, L）」は世界測地系緯度経度（JGD 2011）、「TD /（B, L）」は日本測地系緯度経度です。前項と同様に、最新では

ない過去のデータをダウンロードする際は、ページ上部のデータ基準年に対応する製品仕様書に基づく「座標系」を確認しましょう。

- 座標系が定義されていないデータ（「*.prj」ファイルの存在しないシェープファイル）は、座標系を定義する必要があります。
- デフォルトの座標系は、地理座標系(緯度経度)です。空間解析等を行う場合は、投影座標系（平面直角座標系、UTM 座標系等)に変換することを推奨します。
- 数値が文字列として格納されているフィールドがあります。数値として使いたい場合は、文字列を数値に変換します。

本章の演習では、行政区域データ、地価公示データを事例に、国土数値情報をダウンロードし、活用するための加工法を学びます。

アドバイス：座標系が未定義のシェープファイルの場合

国土数値情報の古い年次のシェープファイルには、座標系が定義されていない（「.prj」ファイルのない）ものがあります。その場合は、まず、各データの「データのダウンロード（2. データ詳細）」ページ上部のデータ基準年に対応する製品仕様書に基づく「座標系」を確認し、その座標系で定義します。

座標系が「JGD 2000 /（B, L）」の場合は、［投影法の定義］ツールを使って、［地理座標系］→［アジア］→［日本測地系 2000（JGD 2000）］を選択します。（座標系を定義する方法の詳細については、第4章を参照してください。）

演習：行政区域データ

国土数値情報の行政区域データをダウンロード

し、活用するための加工法を学びます。具体的には、以下のステップで演習を行います。

1. データの確認
2. データのダウンロード
3. 属性情報の確認
4. 投影座標系に変換
5. 市区町村名でラベリング

ステップ1：データの確認

国土数値情報ダウンロードサービス（https://nlftp.mlit.go.jp/ksj/）の「行政区域」をクリックします（図8-1）。

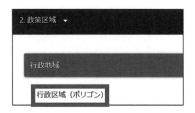

図 8-1　行政区域

［データのダウンロード（2. 各データ詳細）］ページが開いたら、ページ上部で令和3（2021 年）のデータは製品仕様書第 3.0 版に基づくことを確認し、各種情報（［内容］、［データの基準年月日］、［原典資料］、［作成方法］、［座標系］、［データ形状］、［データ構造］）を確認します。

データ基準年が令和3年のデータの［座標系］は、「JGD 2011 /（B, L）」（世界測地系緯度経度（JGD

2011））です（図 8-2）。（参考のため、たとえば製品仕様書第 2.2 版のデータ（古いデータ）の座標系は、「JGD 2000 /（B, L）」（世界測地系緯度経度（JGD 2000））です。）

座標系	JGD2011 /　（B, L）

図 8-2　座標系の確認

続いて、［属性情報］を確認し、データに含まれる属性を理解します。属性名の（）内は、シェープファイルの属性テーブルのフィールドに対応します。たとえば、「N03_003」は「郡・政令市名」、「N03_004」は「市区町村名」に対応することがわかります（図 8-3）。

ステップ2：データのダウンロード

例として、東京都の令和2（2020）年行政区域データをダウンロードします。「C:¥gis¥ 国土数値情報 ¥ 行政区域」フォルダーを用意します。以降、データはこのフォルダーに保存することを前提に解説します。データダウンロードページの上部で、データ基準年が令和2（2020）年に対応する製品仕様書第 2.4 版のデータ詳細のリンクをクリックし、座標系が「JGD2011 /（B, L）」であることを確認してから、前のページに戻ります。

［ダウンロードするデータの選択］で「東京　世界測地系　令和2年　N03-20200101_13_GML.zip」の右にあるダウンロードボタンをクリックし、「行政区域 _ 東京 .zip」という名前でファイルを保存します。

属性情報	属性名 （かっこ内はshp属性名）	説明	属性の型
	範囲	行政区として定義された領域。	曲面型（GM_Surface）
	都道府県名 （N03_001）	当該区域を含む都道府県名称	文字列型（CharacterString）
	支庁・振興局名 （N03_002）	当該都道府県が「北海道」の場合、該当する支庁・振興局の名称	文字列型（CharacterString）
	郡・政令都市名 （N03_003）	当該行政区の郡又は政令市の名称	文字列型（CharacterString）
	市区町村名 （N03_004）	当該行政区の市区町村の名称	文字列型（CharacterString）
	行政区域コード （N03_007）	都道府県コードと市区町村コードからなる、行政区を特定するためのコード	コードリスト「行政区域コード」

図 8-3　属性情報の確認

ダウンロードが完了したら、「行政区域_東京.zip」を展開します。展開したファイルの中に、「.prj」ファイルが含まれていることを確認します。（「.prj」ファイルがあれば、シェープファイルに座標系が定義されています。）

ステップ 3：属性情報の確認

ArcGIS Pro を起動し、リボンの［挿入］タブの［新しいマップ］ボタンをクリックし、新しいマップを開きます。［コンテンツ］ウィンドウの［マップ］にレイヤー（「注記（地形図）」、「地形図（World Topographic Map）」等）がある場合は、レイヤーを右クリック→［削除］します。（削除しないで残しておいても構いません。）

［カタログ］ウィンドウの「フォルダー」から、「N03-21_13_200101.shp」をビューにドラッグして追加します。（「フォルダー」にデータが見あたらない場合は、「フォルダー」を右クリック→［フォルダー接続の追加］をクリックして、「C:\gis」に接続します。）

図 8-4 のように表示されます。

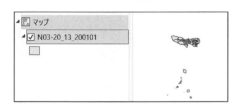

図 8-4　東京都の令和 2 年行政区域データ

［コンテンツ］ウィンドウの「N03-20_13_210101」を右クリック→［属性テーブル］を選択します。テーブル（図 8-5）のフィールド名（「N03_003」、「N03_004」等）は、行政区域データの［データのダウンロード（2. 各データ詳細）］ページにリンクのあるデータ基準年が令和 2（2020）年に対応する製品仕様書第 2.4 版のページの［属性情報］で確認できます。

	FID	Shape	N03_001	N03_002	N03_003	N03_004	N03_007
1	0	ポリゴン	東京都			千代田区	13101
2	1	ポリゴン	東京都			中央区	13102
3	2	ポリゴン	東京都			港区	13103
4	3	ポリゴン	東京都			港区	13103

図 8-5　行政区域データの属性テーブル

ステップ 4：投影座標系に変換

国土数値情報は、ダウンロードした状態では、座標系が地理座標系（緯度経度）です。地理座標系は、単位が角度であるため、編集・解析に適していません（第 4 章参照）。そこで、単位が距離の投影座標系に変換します。本演習では、投影座標系の「平面直角座標系 第 9 系（JGD 2011）」に変換します。（東京都（離島除く）は第 9 系です。第 4 章の表 4-3 参照。）

リボンの［解析］タブを選択→［ツール］ボタン（🧰 ツール）をクリックします。［ジオプロセシング］ウィンドウが開いたら、「ツールボックス」→［データ管理ツール］→［投影変換と座標変換］→［投影変換］をクリックします（図 8-6）。

図 8-6　投影変換ツール

［投影変換］が起動したら、次のように設定します（図 8-7）。［入力データセット、またはフィーチャクラス］のドロップダウンリストから「N03-20_13_210101」を選択します。［出力データセット、またはフィーチャクラス］では［参照］ボタン（🗁）をクリックし、「C:\gis\国土数値情報\行政区域\行政区域 2020_東京 rp.shp」に設定します。［出力座標系］では［座標系の選択］ボタン（🌐）をクリックします。［座標系］が開いたら、［使用可能な XY 座標系］で「投影座標系」を展開→「各国の座標系」→「日本」→「平面直角座標系 第 9 系（JGD 2011）」を選択します（図 8-8）。［実行］ボタンをクリックします。

投影変換が成功したら、マップに「行政区域

図 8-7　投影変換の設定

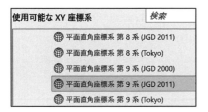

図 8-8　座標系の選択

2020_ 東京 rp」が追加されたことを確認します（図 8-9）。（マップに追加されない場合は、[カタログ]ウィンドウを開き、「フォルダー」の「行政区域 2020_ 東京 rp.shp」をマップにドラッグして追加します。）

図 8-9 のようにビューに地図が表示されます。

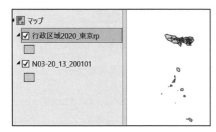

図 8-9　「行政区域 2020_ 東京 rp.shp」を追加したマップ

［コンテンツ］ウィンドウの「行政区域 2020_ 東京 rp」レイヤーのチェックボックスをオフにして非表示にすると、背面の「N03-20_13_210101」が表示されます。チェックボックスをオン、オフ切り替えて、2 つの地図がぴったり重なって表示されていることを確認します。ArcGIS Pro では、異なる座標系であっても、ぴったり重なって表示するように自動変換します。

　ビューの座標系を、平面直角座標系に変換します。［コンテンツ］ウィンドウの［マップ］を右クリック→［プロパティ］をクリックします。［マップ プロパティ］が開いたら、左の一覧の［座標系］をクリックします。［現在の XY］は、「日本測地系 2011（JGD 2011）」に設定されています。（マップの座標系は、はじめにマップに追加したデータの座標系に設定されます。）［使用可能な XY 座標系］から、「投影座標系」→［各国の座標系］→［日本］→「平面直角座標系 第 9 系（JGD 2011）」を選択し、[OK] ボタンをクリックします。これで、マップ（ビュー）の座標系も平面直角座標系（JGD2011）になりました。

ステップ 5：市区町村名でラベリング

　次に、市区町村名でラベリングしてみましょう。［コンテンツ］ウィンドウの「行政区域 2000_ 東京 rp」レイヤーを選択し、［ラベリング］タブをクリックします。

　［テキスト シンボル］でフォントのサイズを「6」にします。［ラベル クラス］の［式］ボタンをクリックします（図 8-10）。

図 8-10　［式］ボタン

　［ラベル クラス］が開いたら、次のように設定します（図 8-11）。［言語］で「Python」を選択し

図 8-11　ラベル クラス

ます。［フィールド］の「N03_003」をダブルク
リック→半角の「+」を入力→［フィールド］の
「N03_004」をダブルクリックします。条件式に、
「[N03_003]+[N03_004]」と入力されたことを確認し、
［適用］ボタンをクリックします。

　［ラベル］ボタン（🏷）をクリックします。
　図8-12のように市区町村名でラベリングされます。

図 8-12　ラベリング：市区町村名

アドバイス：特定の市区町村や都道府県の境界を作成したい

　国土数値情報の行政区域データ（市区町村単位）か
ら、特定の行政区域の境界を作成できます。たとえば、
東京 23 区を選択→［フィーチャのエクスポート］を
用いて東京 23 区だけの行政区域データを作成→都道
府県名（N03_001）で［ディゾルブ］すると、図 8-13
のような東京 23 区の境界データを作成できます。

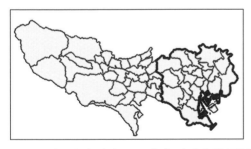

図 8-13　行政区域データを用いて作成した東京 23 区境界

　都道府県界も作成できます。たとえば、全国の
行政区域データをダウンロードし、都道府県名
（N03_001）で［ディゾルブ］すると、全国の都道
府県界を作成できます（図 8-14）。特定の都道府県
を選択して、［フィーチャのエクスポート］すれば、
特定の都道府県界を作成できます。

図 8-14　行政区域データから都道府県界を作成

演習：地価公示データ

　国土数値情報の地価公示データをダウンロード
し、活用するための加工法を学びます。具体的には、
以下のステップで演習を行います。

1. データの確認
2. データのダウンロード
3. 属性情報の確認
4. 文字列から数値に変更
5. 投影座標系に変換
6. 地価の等級色表示

使用データ：

・行政区域 _ 東京陸地 rp.shp：東京都（離島除く）
　の行政区域データ。（国土数値情報平成 29 年行政
　区域データを用いて著者が加工・作成。）

ステップ 1：データの確認

　国土数値情報ダウンロードサービス（https://nlftp.
mlit.go.jp/ksj/）の「地価」欄にある「地価公示」を
クリックします（図 8-15）。

図 8-15　地価公示

　［データのダウンロード（2. 各データ詳細）］ペー
ジが開いたら、ページ上部でデータ基準年に対応す
る製品仕様書等の情報を確認し、各種情報（［更新
履歴］、［内容］、［データ基準年］、［作成方法］、［座

標系]、[データ形状]等）を確認します（図8-16）。[データ基準年]を見ると、昭和58年から各年1月1日時点の地価公示をダウンロードできることがわかります。製品仕様書第3.0版の［座標系］は「世界測地系 JGD 2000 /（B, L）（緯度経度）」であることを確認します。

内容	地価公示法に基づき調査・公示される各年1月1日時点の全国の標準地について、位置（点）、公示価格、利用現況、用途地域、地積等をGISデータとして整備したものである。
データ基準年	昭和58年〜令和3年（調査時点：各年1月1日）
関連する法律	地価公示法（昭和44年6月23日法律第49号）
原典資料	不動産・建設経済局「地価公示資料」
作成方法（原典表示）	国土交通省土地鑑定委員会より公示される地価公示の情報を基に住宅地図等を参照し用いてその標準地の位置座標を取得した。
このデータの使用許諾条件	平成31年〜令和3年：適用する利用規約に基づく（オープンデータ）上記以外：商用可
座標系	世界測地系（JGD2000）/（B, L）
データ形状	点
データ構造	イメージ

図8-16　地価公示データの各種情報

［属性情報］も確認し、どのような属性がデータに入っているかを確認します。

ステップ2：データのダウンロード

東京都の令和3年地価公示をダウンロードします。「C:¥gis¥国土数値情報¥地価公示」フォルダーを用意します。以降、データはこのフォルダーに保存することを前提に解説します。

［ダウンロードするデータの選択］で「東京　世界測地系　令和3年　L01-21_13_GML.zip」の右にあるダウンロードボタンをクリックして保存し、展開します。「L01-21_13.shp」に展開されます。

ステップ3：属性情報の確認

ArcGIS Proを起動し、リボンの［挿入］タブの［新しいマップ］ボタンをクリックし、新しいマップを開きます。［コンテンツ］ウィンドウの［マップ］にレイヤー（「注記（地形図）」、「地形図（World Topographic Map）」等）がある場合は、レイヤーを

右クリック→［削除］します。

［カタログ］ウィンドウの「フォルダー」から、演習用データの「gisdata¥国土数値情報¥H29行政区域¥行政区域_東京陸地rp.shp」をビューにドラッグして追加します。（「フォルダー」にデータが見あたらない場合は、「フォルダー」を右クリック→［フォルダー接続の追加］をクリックして、「gisdata」に接続します。）

続いて、［カタログ］ウィンドウの「フォルダー」から、ステップ2でダウンロードした「L01-21_13.shp」を追加します。

［コンテンツ］ウィンドウの「行政区域_東京陸地rp」のシンボルをクリックします。［シンボル］が開いたら、［プロパティ］を選択し、［色］で白、［アウトライン］で灰色を選択します。図8-17のように表示されます。

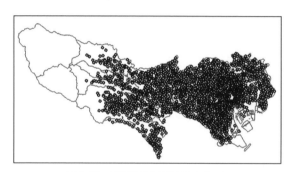

図8-17　行政区域と地価公示データ

［コンテンツ］ウィンドウの「L01-21_13」を右クリック→［属性テーブル］を選択します。

テーブル（図8-18）のフィールド名（「L01_001」、「L01_002」等）の意味を調べるには、［データのダウンロード（2.各データ詳細）］ページの①［属性情報］の［属性名］の括弧内の属性名、必要に応じて②「SHAPEファイルの属性について」からダウンロードできる「Shape属性名対応表」（Excelファ

FID	Shape	L01_001	L01_002	L01_003	L01_004	L01_005	L01_006	L01_007
0	ポイント	000	001	000	001	2017	7600	1
1	ポイント	005	001	005	001	2017	9500	1
2	ポイント	000	002	000	002	2017	6500	1
3	ポイント	000	015	000	015	2017	37300	1
4	ポイント	000	023	000	023	2017	45800	1
5	ポイント	000	024	000	024	2017	49000	1

図8-18　地価公示データの属性テーブル

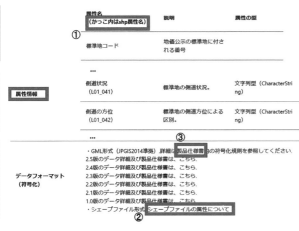

図 8-19　属性情報の確認

イル）、③「製品仕様書」を参照します（図 8-19）。

　①［属性情報］の［属性名］の括弧内の属性名を見ると、たとえば「L01_006」は「公示価格」、「公示価格」は標準地の地価で、単位は「円 / m^2」であることがわかります（図 8-20）。より詳細な情報が必要な場合は、③「製品仕様書」を確認します。

ステップ 4：文字列から数値に変更

　前のステップの①［属性情報］を見ると、「公示価格」は「整数型（Integer）」と記載されています（図 8-20）。ところが、ArcGIS Pro で属性テーブルを見ると、「L01_006」（公示価格）は文字列（数字が左寄せ）になっています（図 8-21）。

属性名 （かっこ内はshp属性名）	説明	属性の型
...		
公示価格 （L01_006）	標準地の地価.単位を 「円/m2」とする。	整数型（Integer）

図 8-20　Shape 属性名対応表（shape_property_table.xls）

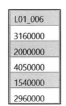

図 8-21　文字列として格納されている公示価格（地価）

数字が文字列として格納されていると、数値しか

扱えない処理（数値の演算や数値分類による表示等）を実行できません。そこで、数値を格納する新しいフィールドを作成し、そのフィールドに文字列の数字を数値として格納します。

　「L01-21_13」の属性テーブル上部にある、［フィールドの追加］ボタン（追加）をクリックします。［フィールド］テーブルが開いたら、最下部の［フィールド名］に「chika」と入力、［データタイプ］で「Long」を選択し、リボンの［フィールド］タブの［保存］ボタンをクリックします。「L01-21_13」の属性テーブルの右端に、「chika」フィールドが追加されたことを確認します（図 8-22）。

図 8-22　追加した「chika」フィールド

　「chika」を選択し、テーブル上部の［フィールド演算］ボタン（計算）をクリックします。［フィールド演算］が起動したら、［フィールド］の「L01_006」をダブルクリックします。演算式に、「!L01_006!」が入力されたことを確認し（図 8-23）、［OK］ボタンをクリックします。

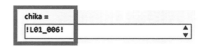

図 8-23　フィールド演算

　「chika」フィールドに、公示価格が数値（数字が右寄せ）として格納されます（図 8-24）。

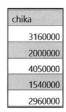

図 8-24　数値として格納した公示価格（地価）

ステップ 5：投影座標系に変換

　国土数値情報は、ダウンロードした状態では、座

標系が地理座標系（緯度経度）です。地理座標系は、単位が角度であるため、編集・解析に適していません（第 4 参照）。そこで、前の演習（行政区域データ）のステップ 4 と同様の手順で、投影座標系の「平面直角座標系 第 9 系（JGD 2011）」に変換します。［投影変換］ツールを使用する際に、「地価公示 _ 東京 rp.shp」という名前で保存します（図 8-25）。

図 8-25　投影変換の設定

　投影変換が成功したら、マップに「地価公示 _ 東京 rp」が追加されたことを確認します。（マップに追加されていない場合は、［カタログ］ウィンドウの「フォルダー」から、「地価公示 _ 東京 rp.shp」をマップにドラッグして追加します。）

ステップ 6：地価の等級色表示

　［コンテンツ］ウィンドウの「地価公示 _ 東京 rp」を選択します。リボンの［表示設定］タブの［シンボル］ボタンをクリック→［等級色］を選択します。

［シンボル］が開いたら、［クラス］を「10」にします。［詳細］ボタン→［すべてのシンボルの書式設定］をクリックします（図 8-26）。

図 8-26　すべてのシンボルの書式設定

　［複数のポイントシンボルの書式設定］が開いたら、上部の［ギャラリー］を選択し、［円 1］を選択します。上部の［プロパティ］を選択し、［サイズ］で「3pt」を選択し、［適用］ボタンをクリックします。上の左矢印（←）をクリックします。［配色］で表示したい色を選択します(たとえば、黄色から赤色)。

　［コンテンツ］ウィンドウの「L01-21_13」のチェックをはずし、非表示にします。

　図 8-27 のように地価が表示されます。（この図では、マップの座標系も平面直角座標系第 9 系（JGD2011）に設定しています。）特に都心部で地価が高いことがわかります。（地価のように分布の歪みの大きいデータは、3D 表示にすると、分布の傾向を理解しやすくなります。3D マップについては、第 13 章を参照してください。）

図 8-27　地価の等級色表示

第 9 章

空間データの活用
：e-Stat 国勢調査

解説：小地域とメッシュデータ

　政府統計の総合窓口（e-Stat）の「統計 GIS」から、国勢調査の小地域、3 次メッシュ（1 km メッシュ）、4 次メッシュ（500 m メッシュ）、5 次メッシュ（250 m メッシュ）の統計データと境界データをダウンロードできます。

　「小地域」とは、町丁・字等の空間単位です。「地域メッシュ統計」とは、緯度・経度に基づき地域をすき間なく網の目状の区画（メッシュ）に分け、それぞれの区画に統計データを編成したものです。図 9-1 は、小地域と 500 m メッシュの例です。

小地域（町丁・字等）　　　　500mメッシュ

図 9-1　小地域と 500 m メッシュ（東京都港区の一部）

　小地域は、町丁・字等名からどの場所か理解しやすい一方で、境界が変化することがあるため、時系列の分析には注意が必要です。また、各領域（町丁・字等）の面積が異なるため、人口分布のような地図を作成する際に総数を使うと、面積の大きい（小さい）町丁・字等の数を過大（過小）評価してしまうことにも注意が必要です。そのため、空間分布を表現する際には、総数よりも密度（人口密度等）を使う方が適切です。

　一方、メッシュは、位置や古くから区画が変わらないため、時系列の分析が比較的容易です。また、地域メッシュは、緯度・経度に基づいて区画された

ほぼ同一およびほぼ正方形の空間単位であるため、総数でメッシュ間の比較ができます。しかし、区画をメッシュコードで特定するため、対象地域のメッシュコードを調べる必要があります。

境界データと統計データの結合

　小地域、メッシュのいずれも、ダウンロードするデータが境界データと統計データに分かれています。そのため、統計データを GIS で地図に表したい場合は、統計データを境界データに結合する必要があります。（小地域の境界データには、人口と世帯数が含まれます。そのため、使いたい統計データが人口と世帯数だけの場合は、統計データと結合する必要はありません。）統計データは境界データに結合できる形式に加工する必要があります。本章の演習では、その加工、結合方法を学びます。

地域メッシュの区分方法

　日本の主な地域メッシュ統計は、1973 年 7 月 12 日行政管理庁告示第 143 号の「標準地域メッシュ」を使用して作成されています。表 9-1 に、地域メッシュの区分方法をまとめます。

　地図との関係では、第 1 次地域区画は 20 万分の 1 地勢図（国土地理院発行）の 1 図葉の区画、第 2 次地域区画は 2 万 5 千分の 1 地形図（国土地理院発行）の 1 図葉の区画です。

　e-Stat では、便宜的に以下の呼称が併用されています。

・基準地域メッシュ：3 次メッシュ、1km メッシュ
・2 分の 1 地域メッシュ：4 次メッシュ、500 m メッシュ
・4 分の 1 地域メッシュ：5 次メッシュ、250 m メッシュ

表 9-1　地域メッシュの区分方法

区画の種類	区分方法	緯度の間隔	経度の間隔	一辺の長さ
第 1 次地域区画	全国の地域を偶数緯度およびその間隔（120 分）を 3 等分した緯度における緯線並びに 1 度ごとの経線で分割した区域	40 分	1 度	約 80km
第 2 次地域区画	第 1 次地域区画を緯線方向および経線方向に 8 等分してできる区域	5 分	7 分 30 秒	約 10km
基準地域メッシュ（第 3 次地域区画）	第 2 次地域区画を緯線方向および経線方向に 10 等分してできる区域	30 秒	45 秒	約 1km
2 分の 1 地域メッシュ（分割地域メッシュ）	基準地域メッシュ（第 3 次地域区画）を緯線方向、経線方向に 2 等分してできる区域	15 秒	22.5 秒	約 500m
4 分の 1 地域メッシュ（分割地域メッシュ）	2 分の 1 地域メッシュを緯線方向、経線方向に 2 等分してできる区域	7.5 秒	11.25 秒	約 250m

http://www.stat.go.jp/data/mesh/m_tuite.htm を基に作成

地域メッシュコード

　地域メッシュデータの各区域には、固有のコード（メッシュコード）が割り当てられています。第 1 次地域区画の地域メッシュコードは 4 桁です。上 2 桁は当該区画の南端緯度を 1.5 倍した値、下 2 桁は西端経度の下 2 桁の値として定義されています。第 1 次地域区画から 8 分の 1 地域メッシュまでの地域メッシュと地域メッシュコードを表 9-2 にまとめます。

表 9-2　地域メッシュと地域メッシュコード

区画の種類	一辺の長さ	桁数	地域メッシュコードの例
第 1 次地域区画	約 80km	4	5438
第 2 次地域区画	約 10km	6	543823
第 3 次地域区画（基準地域メッシュ）	約 1km	8	54382343
2 分の 1 地域メッシュ	約 500m	9	543823431
4 分の 1 地域メッシュ	約 250m	10	5438234312

http://www.stat.go.jp/data/mesh/pdf/gaiyo1.pdf を基に作成

　地域メッシュ統計を使用する際には、対象地域がどのメッシュコードに該当するか調べる必要があります。該当する地域メッシュコードを調べるには、信頼できるウェブサイトの情報が便利です。たとえば、e-Stat の「地図で見る統計（統計 GIS）」では、ダウンロードしたいメッシュデータを選択→「データダウンロード」ページの［1 次メッシュ枠情報］ボタンをクリックすると、該当地域の第 1 次地域区画メッシュコードを確認できます。たとえば東京都港区は、第一次地域区画メッシュコード「5339」に含まれることがわかります（図 9-2）。

図 9-2　第一次地域区画メッシュコード（東京近辺）

演習：国勢調査（小地域）を用いた核家族世帯割合図

　e-Stat の「統計 GIS」から、国勢調査（小地域）をダウンロードして、統計データを境界データに結合します。結合したデータを用いて、東京都の核家族世帯割合の地図を作成します。具体的には、以下のステップで演習を行います。

1. データのダウンロード
2. データの確認
3. 統計データを境界データに結合できる形式に加工
4. 統計データを境界データに結合
5. 核家族世帯割合図の作成

ステップ 1：データのダウンロード

　「C:¥gis¥e-stat¥census」フォルダーを用意します。以降、データはこのフォルダー内に保存・作成することを前提として解説します。

　「政府統計の総合窓口」（e-Stat）のホームページ（https://www.e-stat.go.jp/）を開きます。「地図（統計 GIS）」をクリックします。

統計データ

| 世帯の家族類型別一般世帯数 | | 2017-06-29 | 定義書 |

| 世帯の家族類型別一般世帯数 | 13 東京都 | 2017-06-29 | CSV |

境界データ

2015年

小地域（町丁・字等別）　　　　　　　　　　　定義書

地域	公開（更新）日	形式
13000 東京都全域	2017-06-29	世界測地系平面直角座標系・Shape形式

図 9-3　ダウンロードするデータ

まず、統計データをダウンロードします。「統計データダウンロード」→「国勢調査」→「2015 年」→「小地域（町丁・字等別）」をクリックします。

「世帯の家族類型別一般世帯数」の「定義書」（図 9-3）をクリックし、「世帯の家族類型別一般世帯数＿定義書 .pdf」というファイル名で保存します。

「世帯の家族類型別一般世帯数」をクリックします。「世帯の家族類型別一般世帯数　13 東京都」の「CSV」ボタン（図 9-3）をクリックし、「世帯の家族類型別一般世帯数 .zip」というファイル名で保存します。

次に、境界データをダウンロードします。「統計GIS」のトップページに戻ります。「境界データダウンロード」→「小地域」→「国勢調査」→「2015年」をクリックします。

「小地域（町丁・字等別）」の「定義書」（図 9-3）をクリックし、「小地域境界＿定義書 .pdf」というファイル名で保存します。

「小地域（町丁・字等別）」→「世界測地系平面直角座標系・Shape 形式」をクリックします。「13 東京都」をクリック→「13000 東京都全域」の「世界測地系平面直角座標系・Shape 形式」（図 9-3）をクリックし、「小地域境界＿東京都 .zip」というファイル名で保存します。

ステップ 2：データの確認

「世帯の家族類型別一般世帯数 .zip」を展開します。展開された「tblT000851C13.txt」をダブルクリックして、メモ帳（または他のテキストエディタ）で開きます（図 9-4）。

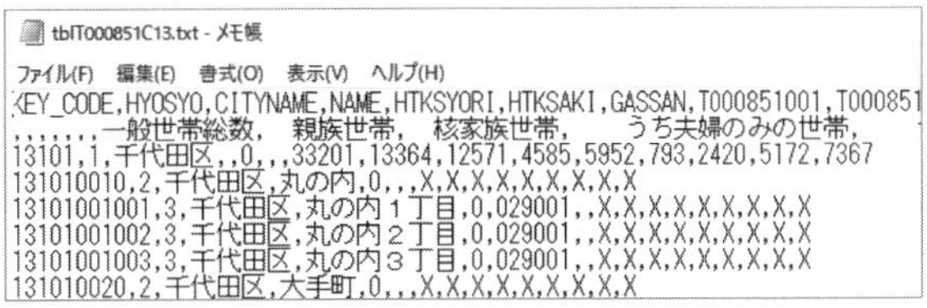

図 9-4　統計データ

1 行目と 2 行目はフィールド名、3 行目以降に各フィールドのデータが入っています。各フィールドはカンマで区切られていることから、CSV 形式のファイルであることがわかります。ファイル（メモ帳）を閉じます。

「世帯の家族類型別一般世帯数＿定義書 .pdf」を開きます（図 9-5）。［連番］と［項目名］の対応、［単位］などを確認します。

「小地域境界＿東京都 .zip」を展開します。「h27ka13.shp」に展開されます。

ArcGIS Pro を起動し、リボンの［挿入］タブの［新しいマップ］ボタンをクリックし、新しいマップを開きます。［コンテンツ］ウィンドウの［マップ］にレイヤー（「注記（地形図）」、「地形図（World Topographic Map）」等）がある場合は、レイヤーを右クリック→［削除］します。（削除しないで残しておいても構いません。）

［カタログ］ウィンドウの「フォルダー」から、「h27ka13.shp」をビューにドラッグして追加します（図 9-6）。（「フォルダー」にデータが見あたらない場合は、「フォルダー」を右クリック→［フォルダー接続の追加］をクリックして、データの入っている

連番	階層	項目名	単位	統計表
HP用表題	1	世帯の家族類型別一般世帯数		
T000851001	2	一般世帯総数	世帯	006
T000851002	2	親族世帯	世帯	006
T000851003	2	核家族世帯	世帯	006
T000851004	2	うち夫婦のみの世帯	世帯	006
T000851005	2	うち夫婦と子供から成る世帯	世帯	006
T000851006	2	核家族以外の世帯	世帯	006
T000851007	2	6歳未満世帯員のいる一般世帯総数	世帯	006
T000851008	2	18歳未満世帯員のいる一般世帯総数	世帯	006
T000851009	2	65歳以上世帯員のいる一般世帯総数	世帯	006

図 9-5　統計データの定義書

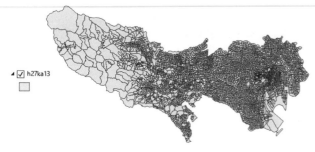

図 9-6　小地域の境界データ（東京都陸地部分にズーム）

フォルダーに接続します。）

［コンテンツ］ウィンドウの「h27ka13」を右ク
リック→［属性テーブル］を選択します。属性テー
ブルに「KEY_CODE」フィールドがあります（図
9-7）。「KEY_CODE」は文字列（数字が左寄せ）
のフィールドであることを確認します。

KEY_CODE
13
13
13
13
13101001001
13101001002
13101001003

図 9-7　「KEY_CODE」

「小地域境界 _ 定義書 .pdf」を開き、「KEY_CODE」
は図形と集計データのリンクコードであることを確
認します。

ステップ 3：統計データを境界データに結合できる形式に加工

統計データを境界データに結合できるようにする
ために、次の加工を行います。
・「KEY_CODE」を文字列にします。
・フィールド名を 1 行目にまとめます。
・秘匿に対する処理を行います。
・数値データに文字（「X」等）が含まれる場合は、
　その文字を削除するなど対処します。

ここでは、Excel を使った加工例を説明します。（他
のソフトウェアや方法を使っても構いません。）

Excel を起動し、「tblT000851C13.txt」を開きます。
（ファイルが見えない場合は、［すべてのファイル
(*.*)］を選択します。）

［テキストファイルウィザード］が開いたら、［カ
ンマやタブなどの区切り文字によってフィールドご
とに区切られたデータ］を選択→［先頭行をデータ
の見出しとして使用する］にチェックを入れて、［次
へ］ボタンをクリックします。［区切り文字］で［カ
ンマ］にチェックを入れ、［次へ］ボタンをクリック
します。［区切ったあとの列のデータ形式を選択して
ください。］では「KEY_CODE」を選択し、「文字列」
を選択します（図 9-8）。（ここで文字列に設定しな
いと、後に数値を文字列に変更しても、ArcGIS Pro
で文字列にならないことがあります。境界データの
「KEY_CODE」は文字列であるため、統計データも
文字列にする必要があります。）同様に、［HTKSAKI］、
［GASSAN］も「文字列」に変更します（図 9-8）。

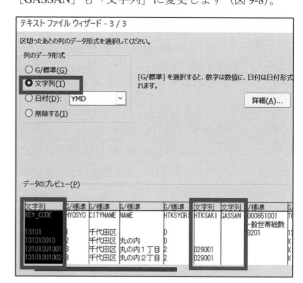

図 9-8　「KEY_CODE」を文字列に設定

［完了］ボタンをクリックします。ファイルが開
きます（図 9-9）。

必要となりそうなフィールドだけを含むシートを
作成します。新しいシートを挿入し、シート名を
「setai」にします（図 9-10）。

「tblT000851C13」シートの「KEY_CODE」から
「T000851001」（一般世帯総数）までと「T000851003」
（核家族世帯）を「setai」シートにコピーします（図
9-11）。

フィールド名を 1 行目にまとめます。1 行目の
フィールド名は意味がすぐにはわからず、2 行目

	A	B	C	D	E	F	G	H	I	J
1	KEY_CODE	HYOSYO	CITYNAME	NAME	HTKSYORI	HTKSAKI	GASSAN	T000851001	T000851002	T000851003
2								一般世帯総数	親族世帯	核家族世帯
3	13101	1	千代田区		0			33201	13364	12571
4	131010010	2	千代田区	丸の内	0			X	X	X
5	13101001001	3	千代田区	丸の内 1 丁目	2	029001		X	X	X
6	13101001002	3	千代田区	丸の内 2 丁目	2	029001		X	X	X

図 9-9　加工前の統計データ

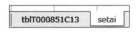

図 9-10　シートの挿入

の日本語のフィールド名ではその後の ArcGIS Pro の処理で問題が生じることがあります。そこで、1 行名の「T000…」を順に、「ippanhh」、「kakuhh」に変更し、2 行名を削除します。続いて、「kakuhh」の右の列に、「kakuhhr」（= kakuhh/ ippanhh*100）を作成します（図 9-12）。（ここでは、「kakuhhr」を小数第 2 位までに設定しています）。

　続いて、秘匿に対する処理を行います。「HTKSYORI」フィールドの値が「2」は秘匿対象、「1」は合算先、「0」は秘匿対象外です。秘匿に対する処理方法は目的に応じますが、本事例では単純に秘匿対象、合算先のあるデータを削除します。

　「A1」セルにカーソルを置いて（あるいは 1 行目を選択して）、［データ］タブの［フィルター］ボタンをクリックします。「HTKSYORI」の下矢印をクリックし、「1」と「2」のみを選択します。選択された行を全て選択し、右クリック→［行の削除］を選択します。［データ］タブの［フィルター］ボタンをクリックして、フィルターを解除します。「HTKSYORI」、「HTKSAAKI」、「GASSAN」の列を選択し、右クリック→［削除］を選択します。

　続いて、数値データに含まれる文字を削除します。この統計データには、図 9-13 のように「ippanhh」と「kakuhh」に「X」と「-」が含まれるため、それらを削除します。（文字を残しておくと、ArcGIS

	A	B	C	D	E	F	G	H	I
1	KEY_CODE	HYOSYO	CITYNAME	NAME	HTKSYORI	HTKSAKI	GASSAN	T000851001	T000851003
2								一般世帯総数	核家族世帯
3	13101	1	千代田区		0			33201	12571
4	131010010	2	千代田区	丸の内	0			X	X
5	13101001001	3	千代田区	丸の内 1 丁目	2	029001		X	X
6	13101001002	3	千代田区	丸の内 2 丁目	2	029001		X	X

図 9-11　「setai」シート

	A	B	C	D	E	F	G	H	I	J
1	KEY_CODE	HYOSYO	CITYNAME	NAME	HTKSYORI	HTKSAKI	GASSAN	ippanhh	kakuhh	kakuhhr
2	13101	1	千代田区		0			33201	12571	37.86
3	131010010	2	千代田区	丸の内	0			X	X	#VALUE!
4	13101001001	3	千代田区	丸の内 1 丁目	2	029001		X	X	#VALUE!
5	13101001002	3	千代田区	丸の内 2 丁目	2	029001		X	X	#VALUE!

図 9-12　「setai」シート

	A	B	C	D	E	F	G
1	KEY_CODE	HYOSYO	CITYNAME	NAME	ippanhh	kakuhh	kakuhhr
2	13101	1	千代田区		33201	12571	37.86
3	131010010	2	千代田区	丸の内	X	X	#VALUE!
4	131010020	2	千代田区	大手町	X	X	#VALUE!
5	131010030	2	千代田区	内幸町	X	X	#VALUE!
6	131010040	2	千代田区	有楽町	18	4	22.22
7	131010050	2	千代田区	霞が関	X	X	#VALUE!
8	13101005001	3	千代田区	霞が関 1 丁目	-	-	#VALUE!

図 9-13　文字を含んでいる数値データ

Pro でテーブルを開いたときに、文字列として認識されてしまうためです。）置換機能を使うと便利です。E 列（ippanhh）と F 列（kakuhh）を選択します。［ホーム］タブの［編集］にある［検索と選択］メニューの［置換］を選択します。［検索と置換］が開いたら、［置換］タブの［検索する文字列］に「X」と入力し、［すべて置換］ボタンをクリックします。次に、［検索する文字列］に「－」と入力し、［すべて置換］ボタンをクリックします。

「ippanhh」と「kakuhh」が空白になった行では、「kakuhhr」が「#DIV/0!」になります。そこで、この「#DIV/0!」を削除します。1 行目を選択して［データ］タブの［フィルター］ボタンをクリックします。1 行目にフィルターの下矢印が表示されたら、G 列（kakuhhr）の下矢印をクリックします。「#DIV/0!」にだけチェックを入れ、［OK］ボタンをクリックします（図 9-13b）。G 列の「#DIV/0!」をすべて選択し、「Delete」キーで削除します。［フィルター］ボタンをクリックし、フィルターを解除します。G 列の「#DIV/0!」がすべて削除されたことを確認します。

［ファイル］メニュー→［名前を付けて保存］を選択して、「核家族 .xlsx」という Excel 形式のファイル名で保存します。Excel を閉じます。

ArcGISPro の［カタログ］ウィンドウの「フォル

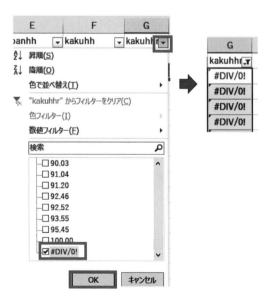

図 9-13b　フィルターで「#DIV/0!」を選択

ダー」から、「核家族 .xlsx」の「setai$」をマップにドラッグして追加します。（データが見あたらない場合は、データが入っているフォルダーを右クリック→［更新］をクリックします。）

［コンテンツ］ウィンドウの「setai$」を右クリック→［開く］を選択します。テーブルが開いたら、「KEY_CODE」が境界データと同じ文字列（数字が左寄せ）になっていることを確認します（図9-14）。

図 9-14　「setai$」の「KEY_CODE」

ステップ4：統計データを境界データに結合

［コンテンツ］ウィンドウの「h27ka13」を選択します。リボンの［データ］タブの［結合］ボタンをクリックし、［結合］を選択します。

［テーブルの結合］が起動したら、次のように設定します（図 9-15）。［入力テーブル］は「h27ka13」、［レイヤー、テーブル ビューのキーとなるフィールド］は「KEY_CODE」を選択します。［結合テーブル］は「setai$」、［結合テーブルフィールド］は「KEY_CODE」を選択します。［OK］ボタンをクリックします。

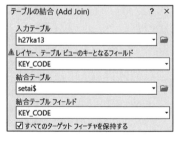

図 9-15　［テーブルの結合］の設定

「h27ka13」の属性テーブルを開き、「setai$」の属性が結合されたことを確認します（図 9-16）。データのないレコードの数値は＜ NULL ＞になります。

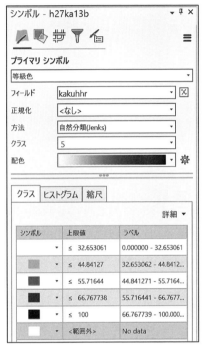

	KCODE1	KEY_CODE	HYOSYO	CITYNAME	NAME	ippanhh	kakuhh	kakuhhr
	0060-01	13101006001	3	千代田区	永田町1丁目	<NULL>	<NULL>	<NULL>
	0060-02	13101006002	3	千代田区	永田町2丁目	352	90	25.568182
	0070-00	131010070	2	千代田区	隼町	353	59	16.713881

0/*2000 が選択されました　すべて読み込む　　フィルター：　　　－　　＋　100%

図 9-16　結合後のテーブル

ステップ5：核家族世帯割合図の作成

　属性結合をした状態では処理が不安定になる可能性があります。そこで、［コンテンツ］ウィンドウの「h27ka13」を選択します。［データ］タブの［フィーチャのエクスポート］ボタンをクリックします。（エクスポートして作成したデータは、結合した状態のテーブルがそのデータの属性テーブルになります。）［フィーチャのエクスポート］が起動したら、［入力フィーチャ］で「H27ka13」を選択します。［出力場所］はデフォルトの「Default.gdb」、［出力名］は「H27ka13b」とします（図 9-17）。（「*.gdb」はジオデータベースです。ここでは、シェープファイルではなく、ジオデータベースのデータとして保存します。「Null」値がエクスポートしたデータに維持されるためです。シェープファイルにすると、「Null」値は「0」になります。）［OK］ボタンをクリックします。

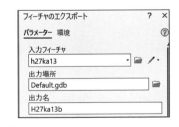

図 9-17　［フィーチャのコピー］の設定

　［コンテンツ］ウィンドウに「H27ka13b」が追加されます。［コンテンツ］ウィンドウの「H27ka13b」を選択します。リボンの［表示設定］タブの［シンボル］をクリックし、［等級色］を選択します。［シンボル］が開いたら、次のように設定します（図9-18）。［フィールド］で「kakuhhr」、［クラス］で「5」、［配色］で白色を含まない等級色に適した色（青紫等）を選びます。［詳細］ボタンをクリック→［範囲外の値を表示］を選択します。［ラベル］の＜範

図 9-18　［シンボル］の設定

囲外＞に「No data」と半角で入力します。その左の灰色のシンボルをクリックします。［ポリゴン シンボルの書式設定］が開いたら、［プロパティ］の［色］で白を選択し、［適用］ボタンをクリックします。左上の左矢印をクリックし、［シンボル］に戻ります。［詳細］ボタンをクリック→［シンボル］→［すべてのシンボルの書式設定］を選択します。［複数のポリゴン シンボルの書式設定］が開いたら、［プロパティ］の［アウライン色］で「色なし」を選択→［適用］ボタンをクリックします。左上の左矢印をクリックし、［シンボル］に戻ります。

　図 9-19 のような核家族世帯割合の分布図ができます。（図 9-19 では、演習用データの「gisdata¥国土数値情報 ¥H29 行政区域 ¥行政区域_東京 rp.shp」を追加し、シンボルで領域の色なし、アウライン

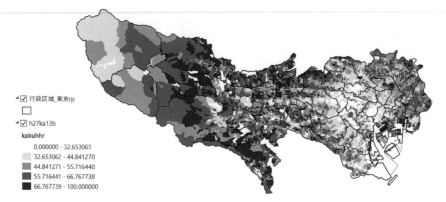

図 9-19　核家族世帯割合の分布

を 1pt の黒にしています。東京都の陸地にズームしています。）

　図 9-20 は、「h27ka13b」の町丁・字等名称（「MOJI」フィールド）でラベリングした図です（この図では、小地域の境界のアウトラインを濃い灰色にしています）。どの町丁・字等で核家族の割合が高い（低い）のか、把握しやすくなります。

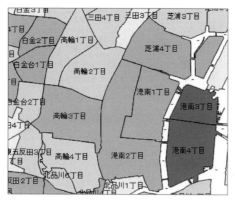

図 9-20　町丁・字等名称（「MOJI」フィールド）でラベリング

練習問題

　e-Stat から、国勢調査小地域データの統計データと境界データをダウンロードして、東京都以外の地域の核家族世帯割合図を作成してみましょう。また、その結果を考察してみましょう。

演習：国勢調査 500 m メッシュを用いた高齢者人口分布図

　e-Stat の「統計 GIS」から、国勢調査 500 m メッシュデータをダウンロードして、統計データを境界デー

タに結合します。結合したデータを用いて、東京都港区の高齢者人口分布図を作成します。具体的には、以下のステップで演習を行います。

1. データのダウンロード
2. データの確認
3. 統計データを境界データに結合できる形式に加工
4. 東京都港区の 500 m メッシュ境界データの作成
5. 統計データを境界データに結合
6. 高齢者人口分布図の作成

使用データ

・ 港区 _ 小地域 .shp：e-Stat 平成 27 年国勢調査（小地域）の東京都港区のデータ。

ステップ 1：データのダウンロード

　「C:¥gis¥e-stat¥census」フォルダーを用意します。以降、データはこのフォルダー内に保存・作成することを前提として解説します。

　「政府統計の総合窓口」（e-Stat）のホームページ（https://www.e-stat.go.jp/）を開きます。「地図（統計GIS）」をクリックします。

　まず、統計データをダウンロードします。「統計データダウンロード」→「国勢調査」→「2015 年」→「4 次メッシュ（500m メッシュ）」→「その 1 人口等基本集計に関する事項」をクリックします。

　「データダウンロード」ページが開いたら、右上の「定義書」（図 9-21）をクリックし、「500 m メッシュ人口等基本集計 _ 定義書 .pdf」というファイル名で保存します。

　右上の「1 次メッシュ枠情報」をクリックし、東

統計データ

境界データ

図 9-21　ダウンロードするデータ

京都港区は 1 次メッシュのコードが「5339」に含まれることを確認します。

　地域が「M5339」の「CSV」（図 9-21）をクリックし、「500m メッシュ統計 5339.zip」というファイル名で保存します。

　次に、境界データをダウンロードします。「地図で見る統計（統計 GIS）」のトップページに戻ります。「境界データダウンロード」→「4 次メッシュ（500mメッシュ）」→「世界測地系平面直角座標系・Shape 形式」をクリックします。

　「データダウンロード」ページが開いたら、右上の「定義書」（図 9-21）をクリックし、「500 m メッシュ境界 _ 定義書 .pdf」というファイル名で保存します。

　「M5339」の「世界測地系平面直角座標系・Shape 形式」（図 9-21）をクリックし、「500m メッシュ境界 5339.zip」というファイル名で保存します。

ステップ 2：データの確認

　「500 m メッシュ統計 5339.zip」を展開します。展開された「tblT000847H5339.txt」をダブルクリックして、メモ帳（または他のテキストエディタ）で開きます（図 9-22）。

図 9-22　統計データ

　1 行目と 2 行目はフィールド名、3 行目以降に各フィールドのデータが入っていることを確認します。各フィールドはカンマで区切られていることから、CSV 形式のファイルであることがわかります。ファイル（メモ帳）を閉じます。

　「500 m メッシュ人口等基本集計 _ 定義書 .pdf」を開きます（図 9-23）。［連番］と［項目名］の対応、［単位］、最後の方の「不詳」や「秘匿」の説明などを確認します。

　「500 m メッシュ境界 .zip」を展開します。「MESH05339.shp」に展開されます。

　ArcGIS Pro を起動し、リボンの［挿入］タブの［新しいマップ］ボタンをクリックし、新しいマップを開きます。［コンテンツ］ウィンドウの［マップ］にレイヤー（「注記（地形図）」、「地形図（World Topographic Map）」等）がある場合は、レイヤーを右クリック→［削除］します。（削除しないで残しておいても構いません。）

　［カタログ］ウィンドウの「フォルダー」から、

連番	階層	項目名	単位	統計表	別表
HP用表題	1	その1　人口等基本集計に関する事項			
T000847000	2	男女別人口総数			
T000847001	3	人口総数	人	001	01
T000847002	3	人口総数　男	人	001	01
T000847003	3	人口総数　女	人	001	01
T000847000	2	年齢別(6区分)、男女別人口			
T000847004	3	0〜14歳人口総数	人	001	01
T000847005	3	0〜14歳人口　男	人	001	01
T000847006	3	0〜14歳人口　女	人	001	01
T000847007	3	15歳以上人口総数	人	001	01
T000847008	3	15歳以上人口　男	人	001	01
T000847009	3	15歳以上人口　女	人	001	01
T000847010	3	15〜64歳人口総数	人	001	01
T000847011	3	15〜64歳人口　男	人	001	01
T000847012	3	15〜64歳人口　女	人	001	01
T000847013	3	20歳以上人口総数	人	001	01
T000847014	3	20歳以上人口　男	人	001	01
T000847015	3	20歳以上人口　女	人	001	01
T000847016	3	65歳以上人口総数	人	001	01

図 9-23　統計データの定義書

「MESH05339.shp」をビューにドラッグして追加します。（「フォルダー」にデータが見あたらない場合は、「フォルダー」を右クリック→［フォルダー接続の追加］をクリックして、データのあるフォルダーに接続します。）

全体表示すると、一つの面のように見えますが、拡大すると、500 m メッシュの区域を確認できます（図 9-24）。

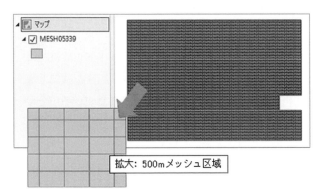

図 9-24　500 m メッシュの境界データ

［コンテンツ］ウィンドウの「MESH05339」を右クリック→［属性テーブル］を選択します。属性テーブルには、「KEY_CODE」、「MESH1_ID」、「MESH2_ID」、「MESH3_ID」、「MESH4_ID」、「OBJ_ID」フィールドがあります（図 9-25）。「KEY_CODE」は文字列（数字が左寄せ）のフィールドであることを確認します。

FID	Shape	KEY_CODE	MESH1_ID	MESH2_ID	MESH3_ID	MESH4_ID	OBJ_ID
0	ポリゴン	533900001	5339	00	00	1	1
1	ポリゴン	533900002	5339	00	00	2	2
2	ポリゴン	533900003	5339	00	00	3	3
3	ポリゴン	533900004	5339	00	00	4	4

図 9-25　「MESH05339」の属性テーブル

「500 m メッシュ境界 _ 定義書 .pdf」を開き、それぞれ、キーコード（9 桁）、1 次メッシュコード（4 桁）、2 次メッシュコード（2 桁）、3 次メッシュコード（2 桁）、4 次メッシュコード（1 桁）、シーケンシャル番号（9 桁）であることを確認します（図 9-26）。統計データとの結合には、「KEY_CODE」（「MESH1_ID」、「MESH2_ID」、「MESH3_ID」、「MESH4_ID」をつなぎ合わせた 9 桁の文字列）を使います。

NO	列名	列名 (ID)	内容説明
1	メッシュコード	KEY_CODE	キーコード（9桁）
2	1次メッシュコード	MESH1_ID	1次メッシュコード（4桁）
3	2次メッシュコード	MESH2_ID	2次メッシュコード（2桁）
4	3次メッシュコード	MESH3_ID	3次メッシュコード（2桁）
5	4次メッシュコード	MESH4_ID	4次メッシュコード（1桁）
6	通し番号	OBJ_ID	シーケンシャル番号（9桁）

図 9-26　メッシュ境界（500 m）の定義書

ステップ 3：統計データを境界データに結合できる形式に加工

統計データを境界データに結合できるようにするために、次の加工を行います。
・「KEY_CODE」を文字列にします。
・フィールド名を 1 行目にまとめます。
・秘匿に対する処理を行います。

ここでは、Excel を使った加工例を説明します。（他のソフトウェアや方法を使っても構いません。）

Excel を起動し、「tblT000847H5339.txt」を開きます。（ファイルが見えない場合は、［すべてのファイル（*.*）］を選択します。）

［テキストファイルウィザード］が開いたら、［カンマやタブなどの区切り文字によってフィールドごとに区切られたデータ］を選択→［先頭行をデータの見出しとして使用する］にチェックを入れて、［次へ］ボタンをクリックします。［区切り文字］で［カンマ］にチェックを入れ、［次へ］ボタンをクリックします。［区切ったあとの列のデータ形式を選択してください。］では「KEY_CODE」を選択し、「文字列」を選択します。（ここで文字列に設定しないと、後に数値を文字列に変更しても、ArcGIS Pro で文字列にならないことがあります。境界データの「KEY_CODE」は文字列であるため、統計データも文字列にする必要があります。）同様に、［HTKSAKI］、［GASSAN］も「文字列」に変更します（図 9-27）。

［完了］ボタンをクリックします。ファイルが開きます（図 9-28）。

必要となりそうなフィールドのみ含むシートを作成します。新しいシートを挿入し、シートの名前を「pop」に変更します（図 9-29）。

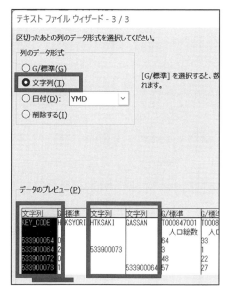

図 9-27　「KEY_CODE」を文字列に設定

	A	B	C	D	E	F	G	H
1	KEY_CODE	HTKSYORI	HTKSAKI	GASSAN	T000847001	T000847002	T000847003	T000847004
2					人口総数	人口総数　男	人口総数　女	0〜14歳人口総数
3	533900054	0			64	33	31	6
4	533900064	2	533900073		3	1	2	*
5	533900072	0			48	22	26	2
6	533900073	1		533900064	57	27	30	6
7	533900074	0			74	34	40	6

図 9-28　加工前の統計データ

図 9-29　シートの挿入

「tblT000847H5339」 シ ー ト の「KEY_CODE」、
「HTKSYORI」、「HTKSAAKI」、「GASSAN」、
「T000847001」（人口総数）、「T000847004」（0 〜 14
歳人口総数）、「T000847010」（15 〜 64 歳人口総数）、
「T000847016」（65 歳以上人口総数）をそれぞれ「pop」
シートにコピーします（図 9-30）。

フィールド名を 1 行目にまとめます。1 行目の
フィールド名は意味がすぐにはわからず、2 行目の
日本語のフィールド名ではその後の ArcGIS Pro の

処理で問題が生じることがあります。そこで、1 行
目の「T000…」を図 9-31 のように、順に「popt」、
「pop0_14」、「pop15_64」、「pop65_」に変更し、2 行
名を削除します。

	A	B	C	D	E	F	G	H
1	KEY_CODE	HTKSYORI	HTKSAKI	GASSAN	popt	pop0_14	pop15_64	pop65_
2	533900054	0			64	6	35	23
3	533900064	2	533900073		3	*	*	*
4	533900072	0			48	2	26	20
5	533900073	1		533900064	57	6	24	30
6	533900074	0			74	6	41	27

図 9-31　フィールドを 1 行目にまとめた「pop」シート

続いて、秘匿に対する処理を行います。「500m
メッシュ人口等基本集計 _ 定義書 .pdf」の結果の
秘匿についての説明を確認します。「HTKSYORI」
フィールドの値が「2」は秘匿対象地域メッシュ、
「1」は合算先地域メッシュ、「0」は秘匿対象外メッ
シュです。上の図 9-31 では、
「HTKSYORI」が「2」に対応す
る人口が「*」となっています。
秘匿に対する処理方法は目的に
応じますが、本事例では単純に
秘匿対象地域、合算先地域とな
るメッシュを削除します。

「A1」セルにカーソルを置いて（あるいは 1 行目
を選択して）、［データ］タブの［フィルター］ボタ
ンをクリックします。「HTKSYORI」の下矢印をク
リックし、「1」と「2」のみを選択します。選択さ
れた行を全て選択し、右クリック ➡［行の削除］を
選択します。［データ］タブの［フィルター］ボタ
ンをクリックします。「HTKSYORI」、「HTKSAAKI」、
「GASSAN」の列を選択し、右クリック ➡［削除］
を選択します。

［ファイル］メニュー→［名前を付けて保存］を
選択して、「pop.xlsx」という Excel 形式のファイル
名で保存します。Excel を閉じます。

	A	B	C	D	E	F	G	H
1	KEY_CODE	HTKSYORI	HTKSAKI	GASSAN	popt	pop0_14	pop15_64	pop65_
2					人口総数	0〜14歳人口総数	15〜64歳人口総数	65歳以上人口総数
3	533900054	0			64	6	35	23
4	533900064	2	533900073		3	*	*	*
5	533900072	0			48	2	26	20
6	533900073	1		533900064	57	6	24	30

図 9-30　「pop」シート

ArcGISPro の［カタログ］ウィンドウの「フォルダー」から、「pop.xlsx」の「pop$」をマップにドラッグして追加します。（データが見あたらない場合は、データが入っているフォルダーを右クリック→［更新］をクリックします。）

［コンテンツ］ウィンドウの「pop$」を右クリック→［開く］を選択します。テーブルが開いたら、「KEY_CODE」が境界データと同じ文字列（数字が左寄せ）になっていることを確認します（図9-32）。

図9-32　「pop$」の「KEY_CODE」

ステップ4：東京都港区の500mメッシュ境界データの作成

［カタログ］ウィンドウの「フォルダー」から、演習用データの「gisdata¥e-stat¥census¥H27sarea¥港区_小地域.shp」をビューにドラッグして追加します。（「フォルダー」にデータが見あたらない場合は、「フォルダー」を右クリック→［フォルダー接続の追加］をクリックして、データの入っているフォルダーに接続します。）

リボンの［マップ］タブの［空間条件で選択］ボタンをクリックします。［空間条件で検索］が起動したら、次のように設定します（図9-33）。［入力フィーチャ］は「MESH05339」、［リレーションシップ］は「交差する」、［選択フィーチャ］は「港区_小地域」を選択し、［OK］ボタンをクリック

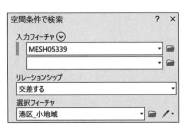

図9-33　空間条件で検索の設定

します。

東京都港区と交差する500mメッシュが選択されます（図9-34）。

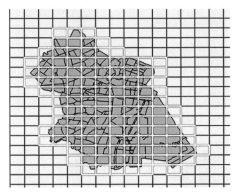

図9-34　選択されたフィーチャ（500mメッシュ）

［コンテンツ］ウィンドウの「MESH05339」を選択します。リボンの［データ］タブの［フィーチャのエクスポート］ボタンをクリックします。［フィーチャのエクスポート］が起動したら、［入力フィーチャ］で「MESH05339」を選択します。［出力場所］は「MESH05339.shp」と同フォルダ、［出力名］は「MESH05339_港区.shp」と設定し、［OK］ボタンをクリックします。

［コンテンツ］ウィンドウに「MESH05339_港区」が追加されます。「MESH05339」を右クリック→［削除］をクリックします。ビューに「MESH05339_港区」だけ表示されます（図9-35）。

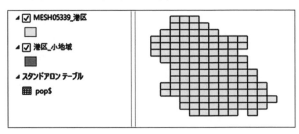

図9-35　「MESH05339_港区」

ステップ5：統計データを境界データに結合

［コンテンツ］ウィンドウの「MESH05339_港区」を選択します。リボンの［データ］タブの［結合］ボタンをクリックし、［結合］を選択します。

［テーブルの結合］が起動したら、次のように設定します（図9-36）。［入力テーブル］は「MESH05339_

港区」、［レイヤー、テーブル ビューのキーとなる
フィールド］は「KEY_CODE」を選択します。［結
合テーブル］は「pop$」、［結合テーブルフィールド］
は「KEY_CODE」を選択します。［OK］ボタンを
クリックします。

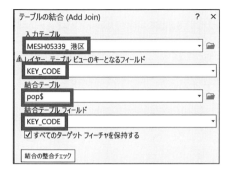

図 9-36　テーブル結合の設定

「MESH05339_港区」の属性テーブルを開き、
「pop$」の属性が結合されたことを確認します（図
9-37）。データのないメッシュ区画の統計データは、
< NULL >になります。（結合したデータがすべて
Null になっている場合は、プロジェクトを保存し、
ArcGIS Pro を再起動してみてください。）

FID	Shape	KEY_CODE	MESH1_ID	MESH2_ID	MESH3_ID	MESH4_ID	OBJ_ID	KEY_CODE	pop†	pop0_14	pop15_64	pop65
57	ポリゴン	533935994	5339	35		99	4	11600	533935994	2808	284	2065	386
58	ポリゴン	533936403	5339	36		40	3	11763	533936403	250	27	184	35
59	ポリゴン	533936404	5339	36		40	4	11764	533936404	15	0	15	0
60	ポリゴン	533936414	5339	36		41	4	11768	<NULL>	<NULL>	<NULL>	<NULL>	<NULL>
61	ポリゴン	533936501	5339	36		50	1	11801	533936501	4510	912	3242	356

図 9-37　結合後のテーブル

ステップ 6：高齢者人口分布図の作成

　属性結合した状態では処理が不安定になる可能性
があります。そこで、一旦、データをエクスポート
します。（エクスポートして作成したデータは、結
合した状態のテーブルがそのデータの属性テーブル
になります。）

　［コンテンツ］ウィンドウの「MESH05339_港区」
を選択します。リボンの［データ］タブの［フィー
チャのエクスポート］ボタンをクリックします。
［フィーチャのエクスポート］が起動したら、［出力
場所］はデフォルトの「Default.gdb、［出力名］は
「MESH05339_港区 2」とします。（「*.gdb」はジオデー
タベースです。ここでは、シェープファイルではな
く、ジオデータベースのデータとして保存します。

「Null」値がエクスポートしたデータに維持されるた
めです。シェープファイルにすると、「Null」値は「0」
になります。）［OK］ボタンをクリックします。

　［コンテンツ］ウィンドウに「MESH05339_港区 2」
が追加されます。「MESH05339_港区」のチェック
をはずし、非表示にします。「港区_小地域」を一
番上にドラッグします。「港区_小地域」のシンボ
ルをクリックします。［ポリゴン シンボルの書式設
定］が開いたら、［プロパティ］をクリックし、［色］
は「色なし」、［アウトライン色］は青色、［アウト
ライン幅］は「1」にします。［適用］ボタンをクリッ
クします（図 9-38）。

　［コンテンツ］ウィンドウの「MESH05339_港区

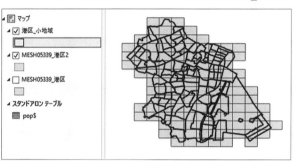

図 9-38　「港区_小地域」と「MESH05339_港区 2」

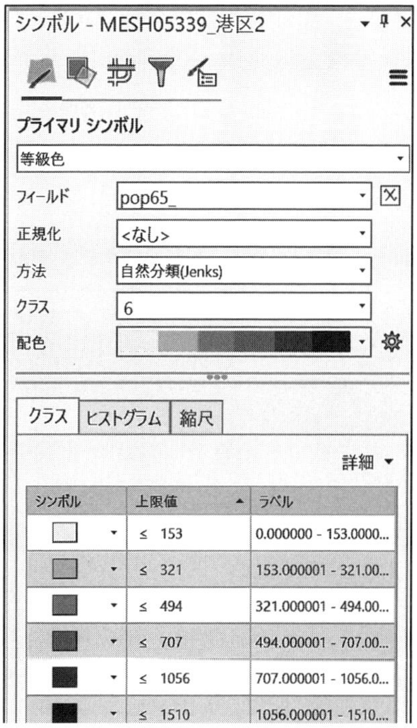

図 9-39　［シンボル］の設定

2」を選択します。リボンの［表示設定］タブの［シンボル］をクリックし、［等級色］を選択します。［シンボル］が開いたら、次のように設定します（図9-39）。［フィールド］で「pop65_」、［クラス］で「6」を選択します。［配色］で等級色に適した色を選択します。（「Null」値は色なし（白抜き）になるため、最上部のシンボルが白ではない配色を選択します。ここでは、黄緑青の配色を選択しています。）

［コンテンツ］ウィンドウの「pop65_」をゆっくりクリックし、「高齢者数」に変更します。図9-40のような高齢者人口の分布図ができます。

インの色を黒、幅を2ptにした図です。どの町丁近辺で高齢者が多い（少ない）のか、理解しやすくなります。

練習問題

e-Statから、国勢調査500mメッシュデータの統計データと境界データをダウンロードして、東京都港区以外の市区町村の高齢者人口分布図を作成してみましょう。また、その結果を考察してみましょう。

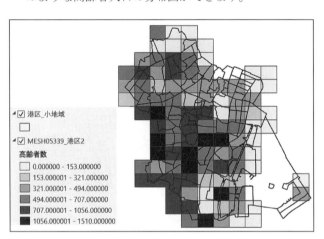

図9-40　高齢者の分布

図9-41は、「港区_小地域」の町丁名（「MOJI」フィールド）でラベリングし、小地域のアウトラ

図9-41　「港区_小地域」の町丁名（MOJI）でラベリング

第 10 章

空間データの活用
：e-Stat 経済センサス

解説：

　政府統計の総合窓口（e-Stat）の「統計 GIS」から、経済センサスの小地域、3 次メッシュ（1 km メッシュ）、4 次メッシュ（500 m メッシュ）の統計データと境界データをダウンロードできます。小地域とメッシュについては、前章の解説を参照してください。

　前章の国勢調査と同様に、小地域、メッシュのいずれも、ダウンロードするデータが境界データと統計データに分かれています。そのため、統計データを GIS で地図に表したい場合は、統計データを境界データに結合する必要があります。（小地域の境界データには、事業所数と従業者数が含まれます。したがって、使いたい統計データが事業所数と従業者数だけの場合は、統計データを結合する必要はありません。）

　統計データは、境界データに結合できる形式に加工する必要があります。本章の演習では、その加工、結合方法も学びます。なお、経済センサスの統計データは、経済センサスの境界データに対応しています。国勢調査の境界データに「KEY_CODE」で結合することはできないことに注意しましょう。

演習：経済センサス（小地域）を用いた金融・保険業従業者割合図

　e-Stat の「統計 GIS」から、経済センサス（小地域）をダウンロードして、統計データを境界データに結合します。結合したデータを用いて、東京都の金融・保険業従業者割合の地図を作成します。具体的には、以下のステップで演習を行います。

1. データのダウンロード
2. データの確認
3. 統計データを境界データに結合できる形式に加工
4. 統計データを境界データに結合
5. 金融・保険業従業者割合図の作成

ステップ 1：データのダウンロード

「C:¥gis¥e-stat¥econcensus」フォルダーを用意します。以降、データはこのフォルダー内に保存・作成することを前提として解説します。

　「政府統計の総合窓口」（e-Stat）のホームページ（https://www.e-stat.go.jp/）を開きます。「地図（統計 GIS）」をクリックします。

　まず、統計データをダウンロードします。「統計データダウンロード」→「経済センサス―基礎調査」→「2014 年」→「小地域（町丁・大字）」→「産業（大分類）別・従業者規模別全事業所数及び男女別従業者数」をクリックします。

　データダウンロードのページ右上の「定義書」（図 10-1）をクリックし、「産業・従業者規模別全事業所数男女別従業者数 _ 定義書 .pdf」というファイル名で保存します。

　「地域」の「13 東京都」の「CSV」ボタン（図 10-1）をクリックし、「産業・従業者規模別全事業所数男女別従業者数 .zip」というファイル名で保存します。

　次に、境界データをダウンロードします。「地図で見る統計（統計 GIS）」のトップページに戻ります。「境界データダウンロード」→「小地域」→「経済センサス―基礎調査」→「2014 年」→「小地域（町丁・大字）」→「世界測地系平面直角座標系・Shape 形式」をクリックします。

データダウンロードのページ右上の［定義書］（図 10-1）をクリックし、「小地域境界 _ 定義書 .pdf」というファイル名で保存します。「定義書」の左にある［注意事項］をクリックし、注意すべき点を確認します。

「13 東京都」をクリック→「13000 東京都全域」の「世界測地系平面直角座標系・Shape 形式」（図 10-1）をクリックし、「小地域境界 _ 東京都 .zip」というファイル名で保存します。

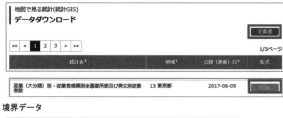

図 10-1　ダウンロードするデータ

ステップ 2：データの確認

「産業・従業者規模別全事業所数男女別従業者数 .zip」を展開します。展開された「tblT000843C13.txt」をダブルクリックして、メモ帳（または他のテキストエディタ）で開きます（図 10-2）。

```
KEY_CODE,CITY_NAME,AZA_CODE,AZA_NAME,T000843001,T000843002,T000843003
,,,,総数（A～S全産業）,A～R全産業（S公務を除く）,A～B農林漁業,
13101000000001,千代田区,000100000100,飯田橋１丁目,315,315,-,315,315,
13101000000002,千代田区,000100000200,飯田橋２丁目,255,255,-,255,255,
13101000000003,千代田区,000100000300,飯田橋３丁目,328,326,-,328,326,
13101000000004,千代田区,000100000400,飯田橋４丁目,295,295,1,294,294,
```

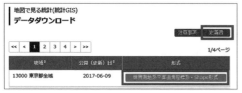

図 10-2　統計データ

1 行目と 2 行目はフィールド名、3 行目以降に各フィールドのデータが入っています。各フィールドはカンマで区切られていることから、CSV 形式のファイルであることがわかります。ファイル（メモ帳）を閉じます。

「産業・従業者規模別全事業所数男女別従業者数 _ 定義書 .pdf」を開きます（図 10-3）。［連番］と［項目名］の対応、［単位］などを確認します。

「小地域 _ 境界 _ 東京都 .zip」を展開します。「H26ca13.shp」に展開されます。

ArcGIS Pro を起動し、リボンの［挿入］タブの［新しいマップ］ボタンをクリックし、新しいマップを開きます。［コンテンツ］ウィンドウの［マップ］にレイヤー（「注記（地形図）」、「地形図（World Topographic Map）」等）がある場合は、レイヤーを右クリック→［削除］します。（削除しないで残しておいても構いません。）

［カタログ］ウィンドウの「フォルダー」から、「H26ca13.shp」をビューにドラッグして追加します（図 10-4）。（「フォルダー」にデータが見あたらない場合は、「フォルダー」を右クリック→［フォルダー接続の追加］をクリックして、データの入っているフォルダーに接続します。）

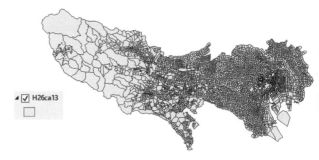

図 10-4　小地域の境界データ

［コンテンツ］ウィンドウの「H26ca13」を右クリック→［属性テーブル］を選択します。属性テーブルに「KEY_CODE」フィールドがあります（図 10-5）。「KEY_CODE」は文字列（数字が左寄せ）のフィー

連番	階層	項目名	単位	統計表
HP用表題	1	産業（大分類）別・従業者規模別全事業所数及び男女別従業者数		
T000843000	2	産業別事業所数		
T000843001	3	総数（A～S全産業）	事業所	001
T000843032	3	A～R全産業（S公務を除く）	人	001
T000843045	3	J金融業、保険業	人	001

図 10-3　統計データの定義書

図 10-5　「KEY_CODE」

ルドであることを確認します。

「小地域境界_定義書.pdf」を開き、「KEY_CODE」は図形と集計データのリンクコードであることを確認します。

ステップ 3：統計データを境界データに結合できる形式に加工

統計データを境界データに結合できるようにするために、次の加工を行います。
・「KEY_CODE」を文字列にします。
・フィールド名を 1 行目にまとめます。
・数値データに文字（「-」等）が含まれる場合は、その文字を削除するなど対処します。

ここでは、Excel を使った加工例を説明します。（他のソフトウェアや方法を使っても構いません。）

Excel を起動し、「tblT000843C13.txt」を開きます。（ファイルが見えない場合は、［すべてのファイル（*.*）］を選択します。）

［テキストファイルウィザード］が開いたら、［カンマやタブなどの区切り文字によってフィールドごとに区切られたデータ］を選択→［先頭行をデータの見出しとして使用する］にチェックを入れて、［次へ］ボタンをクリックします。［区切り文字］で［カンマ］にチェックを入れ、［次へ］ボタンをクリックします。［区切ったあとの列のデータ形式を選択してください。］では「KEY_CODE」を選択し、「文字列」を選択します（図 10-6）。（ここで文字列に設定しないと、後に数値を文字列に設定しても、ArcGIS Pro で文字列にならないことがあります。境界データの「KEY_CODE」は文字列であるため、統計データも文字列にする必要があります。）

［完了］ボタンをクリックします。ファイルが開きます（図 10-7）。

必要となりそうなフィールドだけを含むシートを作成します。新しいシートを挿入し、シートの名前

図 10-6　「KEY_CODE」を文字列に設定

図 10-7　加工前の統計データ

図 10-8　シートの挿入

を「金融保険」にします（図 10-8）。

「tblT000843C13」シートの「KEY_CODE」、「CITY_NAME」、「AZA_CODE」、「AZA_NAME」、「T000843032」（全産業（公務を除く）の従業者数）、「T000843045」（金融業、保険業の従業者数）をそれぞれ「金融保険」シートにコピーします。

2 行名を削除して、フィールド名を 1 行目にまとめます。続いて、「T000843045」の右の列に、「fi_r」（= T000843045/ T000843032*100）を作成します（図 10-9）。（ここでは、「fi_r」を小数第 2 位までに設定しています）。

図 10-9　「金融保険」シート

続いて、数値データに含まれる文字を削除します。この統計データの場合は、「-」が含まれているため、置換機能を使って削除します（図10-10）。

図10-10　置換機能を用いた「-」の削除

「fi_r」の「# DIV/0!」を削除します（図10-11）。（分母の「T000843032」に値がない場合です。図10-11では、［データ］タブの［フィルター］を用いて、「fi_r」が「#DIV/0!」の行を選択しています。）

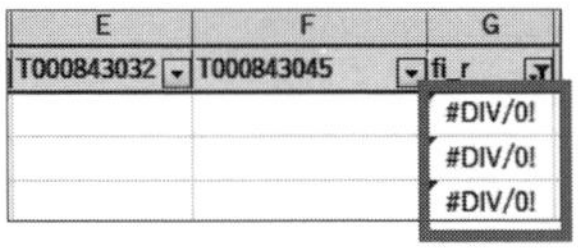

E	F	G
T000843032	T000843045	fi_r
		#DIV/0!
		#DIV/0!
		#DIV/0!

図10-11　「# DIV/0!」を削除

［ファイル］メニュー→［名前を付けて保存］を選択して、「金融保険 .xlsx」という Excel 形式のファイル名で保存します。Excel を閉じます。

ArcGIS Pro の［カタログ］ウィンドウの「フォルダー」から、「金融保険 .xlsx」の「金融保険 $」をマップにドラッグして追加します。（データが見あたらない場合は、データが入っているフォルダーを右クリック→［更新］をクリックします。）

［コンテンツ］ウィンドウの「金融保険 $」を右クリック→［開く］を選択します。テーブルが開いたら、「KEY_CODE」が境界データと同じ文字列（数字が左寄せ）になっていることを確認します（図10-12）。

図10-12　文字列の「KEY_CODE」

ステップ4：統計データを境界データに結合

［コンテンツ］ウィンドウの「H26ca13」を選択します。リボンの［データ］タブの［結合］ボタンをクリックし、［結合］を選択します。

［テーブルの結合］が起動したら、次のように設定します（図10-13）。［入力テーブル］は「H26ca13」、［レイヤー、テーブル ビューのキーとなるフィールド］は「KEY_CODE」を選択します。［結合テーブル］は「金融保険 $」、［結合テーブルフィールド］は「KEY_CODE」を選択します。［OK］ボタンをクリックします。

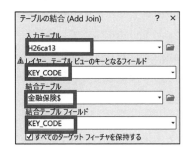

図10-13　テーブル結合の設定

「H26ca13」の属性テーブルを開き、「金融保険 $」の属性が結合されたことを確認します（図10-14）。データのないレコードの数値は＜ NULL ＞になります。

ステップ5：金融・保険業従業者割合図の作成

属性結合をした状態では処理が不安定になる可能性があります。そこで、［コンテンツ］ウィンドウ

CODE1	KEY_CODE	CITY_NAME	AZA_CODE	AZA_NAME	T000843032	T000843045	fi_r
000000001	131010000000001	千代田区	100000100	飯田橋 1 丁目	4422	66	1.492537
000000002	131010000000002	千代田区	100000200	飯田橋 2 丁目	8470	104	1.227863
000000003	131010000000003	千代田区	100000300	飯田橋 3 丁目	13811	58	0.419955

図10-14　結合後のテーブル

の「H26ca13」を選択します。[データ]タブの[フィーチャのエクスポート]ボタンをクリックします。（エクスポートして作成したデータは、結合した状態のテーブルがそのデータの属性テーブルになります。）[フィーチャのエクスポート] が起動したら、[入力フィーチャ]で「H26ca13」を選択します。[出力場所]はデフォルトの「Default.gdb」、[出力名]は「H26ca13b」とします。（「*.gdb」はジオデータベースです。ここでは、シェープファイルではなく、ジオデータベースのデータとして保存します。「Null」値がエクスポートしたデータに維持されるためです。シェープファイルにすると、「Null」値は「0」になります。）[OK] ボタンをクリックします。

[コンテンツ] ウィンドウに「H26ca13b」が追加されます。

[コンテンツ] ウィンドウの「H26ca13b」を選択します。リボンの[表示設定]タブの[シンボル]をクリックし、[等級色]を選択します。[シンボル]が開いたら、次のように設定します（図10-15）。[フィールド]で「fi_r」、[クラス]で「6」、[配色]で等級色に適した色を選びます。（ここでは、黄緑青の配色を選択しています。）

[詳細] ボタンをクリック→[範囲外の値を表示]をクリックします。最下部の[ラベル]（[上限値]が<範囲外>に対応）を「No data」に変更します。対応する灰色四角のシンボルをクリックし、[ポリゴン シンボルの書式設定]の[プロパティ]の[色]で白色を選択し、[適用] ボタンをクリックします。

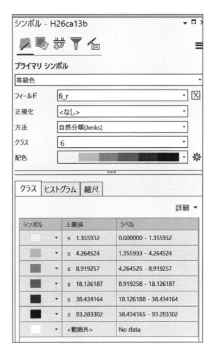

図 10-15　[シンボル] の設定

ウィンドウ左上の左矢印ボタンをクリックし、[シンボル] に戻ります。

[詳細] ボタンをクリック→[すべてのシンボルの書式設定]をクリックします。[プロパティ]の[アウトライン色]で「色なし」を選択し、[適用] ボタンをクリックします。

図10-16のような金融・保険業従業者割合の分布図ができます。（図10-16では、演習用データの「gisdata¥国土数値情報¥H29行政区域¥行政区域_東京rp.shp」を追加し、シンボルで領域を色なし、アウトラインを1ptの黒にしています。東京都の陸

図 10-16　金融・保険業従業者割合の分布

地にズームしています。)

図 10-17 は、「H26ca13b」の町丁・大字名（「MOJI」フィールド）でラベリングした千代田区大手町・丸の内周辺の図です。大手町や丸の内の一部では、金融・保険業従業者の割合が高いことがわかります。

図 10-17　町丁・大字名（「MOJI」フィールド）でラベリング

演習：経済センサス 500 m メッシュを用いた従業者分布図

e-Stat の「統計 GIS」から、経済センサスの 4 次メッシュ（500 m メッシュ）データをダウンロードして、統計データを境界データに結合します。結合したデータを用いて、東京都心 3 区近辺の従業者分布図を作成します。具体的には、以下のステップで演習を行います。

1. データのダウンロード
2. データの確認
3. 統計データを境界データに結合できる形式に加工
4. 東京都心 3 区の 500 m メッシュ境界データの作成
5. 統計データを境界データに結合
6. 従業者分布図の作成

使用データ

・都心 3 区 .shp：e-Stat 平成 27 年国勢調査（小地域）の東京都千代田区、中央区、港区の境界データ。

ステップ 1：データのダウンロード

「C:\gis\e-stat\econcensus」フォルダーを用意します。以降、データはこのフォルダー内に保存・作成することを前提として解説します。

「政府統計の総合窓口」（e-Stat）のホームページ（https://www.e-stat.go.jp/）を開きます。「地図（統計 GIS）」をクリックします。

まず、統計データをダウンロードします。「統計データダウンロード」→「経済センサス―基礎調査」→「2014 年」→「4 次メッシュ（500 m メッシュ）」→「全産業事業所数及び全産業従業者数」をクリックします。

データダウンロードのページ右上の「定義書」（図 10-18）をクリックし、「500 m メッシュ事業所従業者数 _ 定義書 .pdf」というファイル名で保存します。

右上の「1 次メッシュ枠情報」をクリックし、東京都港区は 1 次メッシュのコードが「5339」に含まれることを確認します。

地域が「M5339」の「CSV」（図 10-18）をクリックし、「500 m メッシュ事業所従業者数 5339.zip」というファイル名で保存します。

次に、境界データをダウンロードします。「統計 GIS」のトップページに戻ります。「境界データダウンロード」→「4 次メッシュ（500 m メッシュ）」→「世界測地系平面直角座標系・Shape 形式」をクリックします。

統計データ

境界データ

図 10-18　ダウンロードするデータ

「データダウンロード」ページが開いたら、右上の「定義書」（図 10-18）をクリックし、「500 m メッシュ境界 _ 定義書 .pdf」というファイル名で保存します。「M5339」の「世界測地系平面直角座標系・Shape 形式」（図 10-18）をクリックし、「500 m メッシュ境界 5339.zip」というファイル名で保存します。

ステップ 2：データの確認

「500 m メッシュ事業所従業者数 5339.zip」を展開します。展開された「tblT000842H5339.txt」をダブルクリックして、メモ帳（または他のテキストエディタ）で開きます（図 10-19）。

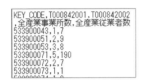

```
KEY_CODE,T000842001,T000842002
,全産業事業所数,全産業従業者数
533900043,1,7
533900051,2,9
533900053,3,8
533900071,5,190
533900072,2,7
533900073,1,1
```

図 10-19　統計データ

1 行目と 2 行目はフィールド名、3 行目以降に各フィールドのデータが入っていることを確認します。各フィールドはカンマで区切られていることから、CSV 形式のファイルであることがわかります。ファイル（メモ帳）を閉じます。

「500m メッシュ事業所従業者数 _ 定義書 .pdf」を開きます（図 10-20）。[連番] と [項目名] の対応、[単位] などを確認します。

「500 m メッシュ境界 5339.zip」を展開します。「MESH05339.shp」に展開されます。

ArcGIS Pro を起動し、リボンの [挿入] タブの [新しいマップ] ボタンをクリックし、新しいマップを開きます。[コンテンツ] ウィンドウの [マップ] にレイヤー（「注記（地形図）」、「地形図（World Topographic Map）」等）がある場合は、レイヤーを右クリック→ [削除] します。（削除しないで残しておいても構いません。）

[カタログ] ウィンドウの「フォルダー」から、「MESH05339.shp」をビューにドラッグして追加します（図 10-21）。（「フォルダー」にあるはずのデータが見あたらない場合は、データの入っている「フォルダー」を右クリック→ [更新] をクリックしてみてください。）

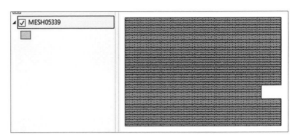

図 10-21　「MESH05339.shp」の追加

[コンテンツ] ウィンドウの「MESH05339」を右クリック→ [属性テーブル] を選択します。属性テーブルには、「KEY_CODE」、「MESH1_ID」、「MESH2_ID」、「MESH3_ID」、「MESH4_ID」、「OBJ_ID」フィールドがあります（図 10-22）。「KEY_CODE」は文字列（数字が左寄せ）のフィールドであることを確認します。

	FID	Shape	KEY_CODE	MESH1_ID	MESH2_ID	MESH3_ID	MESH4_ID	OBJ_ID
	0	ポリゴン	533900001	5339	00	00	1	1
	1	ポリゴン	533900002	5339	00	00	2	2
	2	ポリゴン	533900003	5339	00	00	3	3
	3	ポリゴン	533900004	5339	00	00	4	4

図 10-22　「MESH05339」の属性テーブル

「500 m メッシュ境界 _ 定義書 .pdf」を開きます（図 10-23）。統計データとの結合には、「KEY_CODE」（「MESH1_ID」、「MESH2_ID」、「MESH3_

NO	列名	列名 (ID)	内容説明
1	メッシュコード	KEY_CODE	キーコード（9桁）
2	1次メッシュコード	MESH1_ID	1次メッシュコード（4桁）
3	2次メッシュコード	MESH2_ID	2次メッシュコード（2桁）
4	3次メッシュコード	MESH3_ID	3次メッシュコード（2桁）
5	4次メッシュコード	MESH4_ID	4次メッシュコード（1桁）
6	通し番号	OBJ_ID	シーケンシャル番号（9桁）

図 10-23　500 m メッシュ境界の定義書

連番	階層	項目名	単位	統計表	別表
IIP用表題	1	全産業事業所数及び全産業従業者数			
T000842001	2	全産業事業所数	事業所	701	01
T000842002	2	全産業従業者数	人	701	01

図 10-20　統計データの定義書

ID」、「MESH4_ID」をつなぎ合わせた 9 桁の文字列）を使います。

ステップ3：統計データを境界データに結合できる形式に加工

統計データを境界データに結合できるようにするために、次の加工を行います。
・「KEY_CODE」を文字列にします。
・フィールド名を 1 行目にまとめます。
・数値データに文字（「*」など）が含まれる場合は、文字を削除するなど対処します。

ここでは、Excel を使った加工例を説明します。（他のソフトウェアや方法を使っても構いません。）

Excel を起動し、「tblT000842H5339.txt」を開きます。（ファイルが見えない場合は、[すべてのファイル（*.*）]を選択します。）

[テキストファイルウィザード]が開いたら、[カンマやタブなどの区切り文字によってフィールドごとに区切られたデータ]を選択→[先頭行をデータの見出しとして使用する]にチェックを入れて、[次へ]ボタンをクリックします。[区切り文字]で[カンマ]にチェックを入れ、[次へ]ボタンをクリックします。[区切ったあとの列のデータ形式を選択してください。]では「KEY_CODE」を選択し、「文字列」を選択します（図 10-24）。（ここで文字列に設定しないと、後に数値を文字列に設定しても、ArcGIS Pro で文字列にならないことがあります。境界データの「KEY_CODE」は文字列であるため、統計データも文字列にする必要があります。）

[完了]ボタンをクリックします。ファイルが開きます（図 10-25）。

2 行目を削除し、フィールド名を 1 行目にまとめます。

この統計データは、数値データに文字が入っていないため、次に進みます。

[ファイル]メニュー→[名前を付けて保存]を選択して、「事業所従業者 5339.xlsx」という Excel 形式のファイル名で保存します。Excel を閉じます。

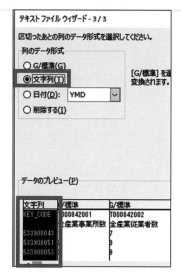

図 10-24 「KEY_CODE」を文字列に設定

	A	B	C
1	KEY_CODE	T000842001	T000842002
2		全産業事業所数	全産業従業者数
3	533900043	1	7
4	533900051	2	9
5	533900053	3	8
6	533900071	5	190

図 10-25 加工前の統計データ

ArcGIS Pro の[カタログ]ウィンドウの「フォルダー」から、「事業所従業者 5339.xlsx」の「tblT000842H5339$」をマップにドラッグして追加します。（データが見あたらない場合は、データが入っているフォルダーを右クリック→[更新]をクリックします。）

[コンテンツ]ウィンドウの「tblT000842H5339$」を右クリック→[開く]を選択します。テーブルが開いたら、「KEY_CODE」が境界データと同じ文字列（数字が左寄せ）になっていることを確認します。

ステップ4：東京都心 3 区の 500 m メッシュ境界データの作成

[カタログ]ウィンドウの「フォルダー」から、演習用データの「gisdata¥国土数値情報¥H27 行政区域¥都心 3 区 .shp」をビューにドラッグして追加します（図 10-26）。（「フォルダー」にデータが見あたらない場合は、「フォルダー」を右クリック→

［フォルダー接続の追加］をクリックして、データの入っているフォルダーに接続します。）

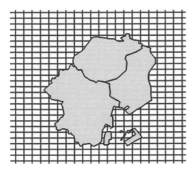

図 10-26　都心 3 区 .shp の追加

リボンの［マップ］タブの［空間条件で選択］ボタンをクリックします。［空間条件で検索］が起動したら、次のように設定します（図 10-27）。［入力フィーチャ］は「MESH05339」、［リレーションシップ］は「交差する」、［選択フィーチャ］は「都心 3 区」を選択し、［OK］ボタンをクリックします。

```
空間条件で検索
入力フィーチャ ⌄
  MESH05339

リレーションシップ
  交差する
選択フィーチャ
  都心3区
検索距離
                    メートル
選択タイプ
  新規選択
□ 空間リレーションシップの反転
```

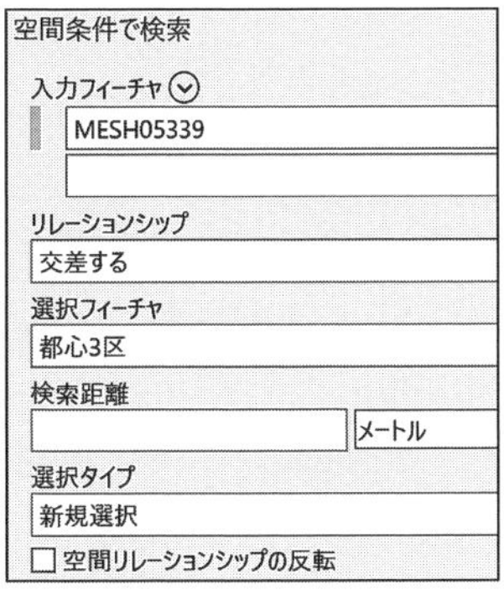

図 10-27　空間検索の設定

都心 3 区と交差する 500 m メッシュが選択されたら、［コンテンツ］ウィンドウの「MESH05339」を選択します。リボンの［データ］タブの［フィーチャのエクスポート］ボタンをクリックします。

［フィーチャのエクスポート］が起動したら、［入力フィーチャ］で「MESH05339」を選択します。［出力場所］は「MESH05339.shp」と同フォルダ、［出力名］は「MESH05339_cbd3ku.shp」と設定し、［OK］ボタンをクリックします。

［コンテンツ］ウィンドウに「MESII05339_cbd3ku」が追加されます。「MESH05339」を右クリック→［削除］をクリックします。ビューに

「MESH05339_cbd3ku」のみ表示されます（図 10-28）。

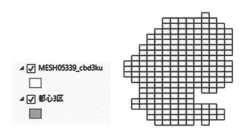

図 10-28　「MESH05339_cbd3ku」

ステップ 5：統計データを境界データに結合

［コンテンツ］ウィンドウの「MESH05339_cbd3ku」を選択します。リボンの［データ］タブの［結合］ボタンをクリックし、［結合］を選択します。

［テーブルの結合］が起動したら、次のように設定します（図 10-29）。［入力テーブル］は「MESH05339_cbd3ku」、［レイヤー、テーブル ビューのキーとなるフィールド］は「KEY_CODE」を選択します。［結合テーブル］は「tblT000842H5339$」、［結合テーブルフィールド］は「KEY_CODE」を選択します。［OK］ボタンをクリックします。

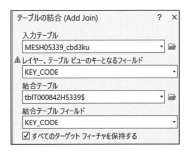

図 10-29　テーブル結合の設定

「MESH05339_cbd3ku」の属性テーブルを開き、「tblT000842H53390$」の属性が結合されたことを確認します（図 10-30）。データのないメッシュ区画の統計データは、< NULL >になります。

FID	Shape	KEY_CODE	MESH1_ID	MESH2_ID	MESH3_ID	MESH4_ID	OBJ_ID	KEY_CODE	T000842001	T000842002
0	ポリゴン	533935484	5339	35	48	4	11396	533935484	145	5209
1	ポリゴン	533935493	5339	35	49	3	11399	533935493	309	5198
2	ポリゴン	533935494	5339	35	49	4	11400	533935494	238	11489
3	ポリゴン	533935581	5339	35	58	1	11433	533935581	687	10979

図 10-30　結合後のテーブル

ステップ6：従業者分布図の作成

結合した状態では、処理に問題が生じることがあるため、一旦、データをエクスポートします。

［コンテンツ］ウィンドウの「MESH05339_cbd3ku」を選択します。

［データ］タブの［フィーチャのエクスポート］ボタンをクリックします。［フィーチャのエクスポート］が起動したら、［入力フィーチャ］で「MESH05339_cbd3ku」を選択します。［出力場所］はデフォルトの「Default.gdb」、「出力名」は「MESH05339_cbd3ku2」とします。（「*.gdb」はジオデータベースです。ここでは、シェープファイルではなく、ジオデータベースのデータとして保存します。「Null」値がエクスポートしたデータに維持されるためです。シェープファイルにすると、「Null」値は「0」になります。）［OK］ボタンをクリックします。

［コンテンツ］ウィンドウに「MESH05339_cbd3ku2」が追加されます。「MESH05339_cbd3ku」のチェックをはずし、非表示にします。「都心3区」を一番上にドラッグし、前面に表示させます。

［コンテンツ］ウィンドウの「都心3区」のシンボルをクリックします。［ポリゴン シンボルの書式設定］が開いたら、［プロパティ］をクリックし、［色］は「色なし」、［アウトライン色］は濃い灰色、［アウトライン幅］は「1」にします。［適用］ボタンをクリックします。

［コンテンツ］ウィンドウの「MESH05339_cbd3ku2」を選択します。リボンの［表示設定］タブの［シンボル］をクリックし、［等級色］を選択します。［シンボル］が開いたら、次のように設定します（図10-31）。［フィールド］で「T000842002」

（全産業従業者数）、［クラス］で「6」、［配色］で等級色に適した色を選びます。（ここでは、黄緑青の配色を選択しています。）

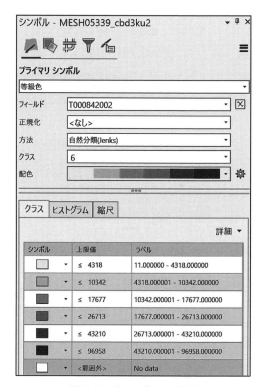

図 10-31　［シンボル］の設定

［詳細］ボタンをクリック→［範囲外の値を表示］をクリックします。最下部の［ラベル］（［上限値］が＜範囲外＞に対応）を「No data」に変更します。対応する灰色四角のシンボルをクリックし、［ポリゴン シンボルの書式設定］の［プロパティ］の［色］で白色を選択し、［適用］ボタンをクリックします。

図10-32のような従業者の分布図ができます。（この図では、「都心3区」の「N03_003」（区名）フィールドでラベリングしています。）

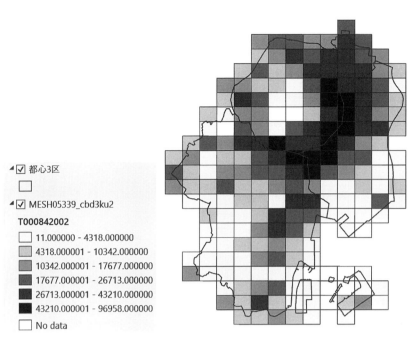

図 10-32　従業者の分布

第 11 章 ジオコーディング ：住所情報からポイントデータを作成

解説：ジオコーディング

　ジオコーディングとは、文字列の住所情報に対して、その住所に対応する緯度経度などの座標値を付与する処理のことです。アドレスジオコーディングやアドレスマッチング、住所ジオコーディングなどと呼ばれることもあります。

　住所情報しか持たない表形式のデータでも、ジオコーディングを使って座標値を付与すると、その座標値を基にポイントデータを作成できます。図 11-1 の例では、住所情報の入った保育所の一覧表に対して、①ジオコーディングを用いて住所に対応する座標値（緯度経度）を付与→②その座標値を基にポイントデータを作成しています。

　緯度経度座標を基にポイントデータを作成する際には、座標値が度分秒（60 進数）ではなく、10 進数である必要があります。度分秒（60 進数）の座標は、「度 + 分 /60+ 秒 /3600」で 10 進数に変換できます。たとえば、北緯 35 度 39 分 30.959 秒、東経 139 度 44 分 43.594 秒を 10 進数で表すと、緯度 35.6586、経度 139.7454 になります。

　以下に、無償のジオコーディングサービスを 2 つ紹介します。

Yahoo! マップ API を利用したジオコーディングと地図化

　谷謙二研究室（埼玉大学教育学部人文地理学）が提供する、Yahoo! ジオコーダ API を使用したジオコーディングサービスです。「地名・施設名からジオコーディング・地図化」（https://ktgis.net/gcode/geocoding.html）では、号レベルのジオコーディングを行うことができます。号レベルとは、「△丁目□番○号」のレベルのことです。付与される座標値は、世界測地系 WGS84 の緯度経度です。（無償で号レベルのジオコーディングができる貴重なサービスですが、自治体・企業の業務での利用、および商用利用はできません。）

CSV アドレスマッチングサービス

　CSV アドレスマッチングサービス（https://geocode.csis.u-tokyo.ac.jp/home/csv-admatch/）は、住所や地名のフィールド（列）を含む CSV 形式のデータに緯度経度または公共測量座標系の座標値を付与するサービスです。付与される座標系は、世界測地系・

①住所に対応する座標値を付与

名称	住所	Y	X
立藍染保育園	東京都文京区根津２・３４・１５	35.721172	139.763266
立久堅保育園	東京都文京区小石川５・２７・７	35.718613	139.741553
立青柳保育園	東京都文京区関口３・２・５	35.713464	139.72916
立さしがや保育	東京都文京区白山２・３２・６	35.718097	139.7497
立駒込保育園	東京都文京区千駄木３・１９・１７	35.729649	139.760632
立こひなた保育	東京都文京区小日向１・２１・１	35.713997	139.736073
立本郷保育園	東京都文京区本郷１・２８・１２	35.706437	139.756697
立大塚保育園	東京都文京区大塚６・２２・１９	35.724638	139.725646
立しおみ保育園	東京都文京区千駄木２・２７・８	35.725002	139.761935
立千石保育園	東京都文京区千石１・４・３	35.724505	139.743342
立向丘保育園	東京都文京区向丘１・３・１１	35.717461	139.756611
立水道保育園	東京都文京区水道１・３・２６	35.709576	139.742301
立本駒込保育園	東京都文京区本駒込５・６３・２	35.733809	139.752494

②座標値を基にポイントデータを作成

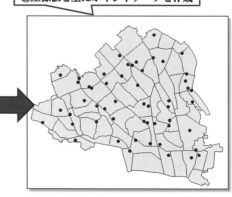

図 11-1　ジオコーディングを用いたポイントデータの作成

旧測地系（日本座標系）の経緯度、公共測量座標系等から選択できます。精度は主に街区レベルです。（街区レベルとは、「△丁目□番」のレベルのことです。）

　本章の演習では「Yahoo! マップ API を利用したジオコーディングと地図化」のジオコーディングを使う方法を学びます。

演習：保育所の住所情報からポイントデータを作成

　「Yahoo! マップ API を利用したジオコーディングと地図化」のジオコーディング機能を利用して、東京都文京区の保育所の住所データに緯度経度の座標値を付与し、その座標値を基にポイントデータを作成します。演習は、次のステップで行います。

1. データの準備
2. ジオコーディングの実行
3. 座標値からポイントデータを作成

使用データ：

・ 文京区保育所 .csv：東京都文京区の保育所の表データ。東京都福祉保健局の社会福祉施設等一覧（2016 年 5 月現在）を基に著者が作成。

・ 文京区 _ 小地域 .shp：e-Stat 平成 27 年国勢調査（小地域）の東京都文京区のデータ。

ステップ 1：データの準備

　演習用データの「gisdata¥childcare¥ 文京区保育所 .csv」を Excel で開きます。　A 列と B 列を入れ替えます。A 列が「住所」、B 列が「名前」になります（図 11-2）。

	A	B	C	D	E
1	住所	名前	定員	設置	種類
2	東京都文京区根津 2・34・15	藍染保育園	87	区市町村	認可保育所
3	東京都文京区小石川 5－27－7	久堅保育園	123	区市町村	認可保育所
4	東京都文京区関口 3－2－5	青柳保育園	85	区市町村	認可保育所
5	東京都文京区白山 2－32－6	さしがや保育園	128	区市町村	認可保育所
6	東京都文京区千駄木 3－19－17	駒込保育園	93	区市町村	認可保育所
7	東京都文京区小日向 1－21－1	こひなた保育園	97	区市町村	認可保育所
8	東京都文京区本郷 1－28－12	本郷保育園	93	区市町村	認可保育所
9	東京都文京区大塚 6－22－19	大塚保育園	103	区市町村	認可保育所
10	東京都文京区千駄木 2－27－8	しおみ保育園	107	区市町村	認可保育所

図 11-2　Excel で開き、A 列と B 列を入れ替えた「文京区保育所 .csv」

ステップ 2：ジオコーディングの実行

　「Yahoo! マップ API を使ったジオコーディングと地図化」の「地名・施設名からジオコーディング・地図化」（https://ktgis.net/gcode/geocoding.html）をブラウザで開きます。（後の作業で不具合が生じにくい Chrome を推奨します。）

　図 11-2 の「住所」と「名前」の 2 行目以下のデータ（A2 セルから B54 セルまで）を選択し、コピーし、「住所、施設名等」の空欄に貼り付けます。「住所変換」ボタンをクリックします（図 11-3）。

図 11-3　地名・施設名からジオコーディング・地図化

　変換処理終了が表示されたら、［OK］ボタンをクリックします。「現在のマーカーの緯度 / 経度取得」ボタンをクリックし、右下の「コピー」ボタンをクリックします（図 11-4）。

図 11-4　取得結果のコピー

	A	B	C	D	E	F	G	H	I
1	住所	名前	定員	設置	種類				
2	東京都文京区根津2‐34‐15	藍染保育園	87	区市町村	認可保育所	東京都文京区根津2‐34‐15	藍染保育園	139.763265	35.721172
3	東京都文京区小石川5‐27‐7	久堅保育園	123	区市町村	認可保育所	東京都文京区小石川5‐27‐7	久堅保育園	139.741553	35.718619
4	東京都文京区関口3‐2‐5	青柳保育園	85	区市町村	認可保育所	東京都文京区関口3‐2‐5	青柳保育園	139.72911	35.713452
5	東京都文京区白山2‐32‐6	さしがや保育園	128	区市町村	認可保育所	東京都文京区白山2‐32‐6	さしがや保育園	139.7497	35.718097

図 11-5　ジオコーディングで取得した経度・緯度の貼り付け

	A	B	C	D	E	F	G	H	I
1	住所	名前	定員	設置	種類	住所2	名前2	経度	緯度
2	東京都文京区根津2‐34‐15	藍染保育園	87	区市町村	認可保育所	東京都文京区根津2‐34‐15	藍染保育園	139.763265	35.721172
3	東京都文京区小石川5‐27‐7	久堅保育園	123	区市町村	認可保育所	東京都文京区小石川5‐27‐7	久堅保育園	139.741553	35.718619
4	東京都文京区関口3‐2‐5	青柳保育園	85	区市町村	認可保育所	東京都文京区関口3‐2‐5	青柳保育園	139.72911	35.713452
5	東京都文京区白山2‐32‐6	さしがや保育園	128	区市町村	認可保育所	東京都文京区白山2‐32‐6	さしがや保育園	139.7497	35.718097

図 11-6　列名の整理

Excel の F2 セルを右クリック→［形式を選択して貼り付け］→［テキスト］を選択し、［OK］ボタンをクリックします。図 11-5 のように貼り付けられます。

F1 セルに「住所 2」、G1 セルに「名前 2」、H1 セルに「経度」、I1 セルに「緯度」と入力します（図11-6）。

「文京区保育所 xy.xlsx」として保存します。Excel を閉じます。

ステップ 3：座標値からポイントデータを作成

ArcGIS Pro を起動し、リボンの［挿入］タブの［新しいマップ］ボタンをクリックし、新しいマップを開きます。

［カタログ］ウィンドウの「フォルダー」から、「gisdata¥childcare¥ 文京区 _ 小地域 .shp」、をビューにドラッグして追加します。「文京区保育所 xy.xlsx」の「文京区保育所」も追加します。（「フォルダー」にデータが見あたらない場合は、「フォルダー」を右クリック→［フォルダー接続の追加］をクリックして、データのあるフォルダーに接続します。）

［マップ］タブの［データの追加］ボタンの下矢印をクリックし、［XY ポイント データ］を選択します（図 11-7）。

［XY テーブル→ポイント］が起動したら、次のように設定します（図 11-8）。［入力テーブル］は「文京区保育所 $」、［出力フィーチャクラス］は「保育所 point.shp」、［X フィールド］は「経度」、[Y フィー

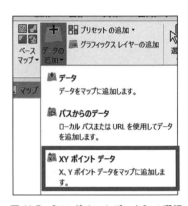

図 11-7　［XY ポイントデータ］の選択

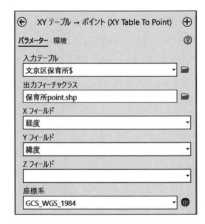

図 11-8　［XY テーブル→ポイント］の設定

ルド］は「緯度」を選択します。（X が経度、Y が緯度です。注意しましょう。）［座標系］はデフォルトの「GCS_WGS_1984」を選択します。（ジオコーディングした緯度、経度は WGS1984 の緯度経度だからです。）［実行］ボタンをクリックします。

「保育所 point.shp」が作成され、マップに追加されます（図 11-9）。

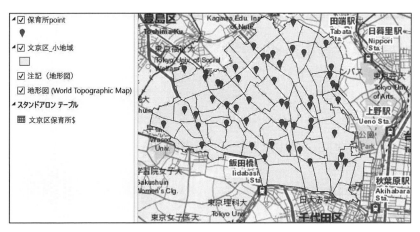

図 11-9　保育所のポイントデータ

アドバイス：正しい座標系でポイントデータを作成しよう

座標値からポイントデータを作成する際には、正しい座標系で作成しましょう。初心者によくある間違いは、正しい座標系ではなく、使用したい座標系でポイントデータを作成してしまうことです。たとえば、本演習で用いた文京区保育所の場合、正しい座標系の WGS1984 ではなく、平面直角座標系（JGD 2000）でポイントデータを作成すると、図 11-10 のように本来の場所から離れた場所に作成されてしまいます。こうした誤りに気がつくために、ポイントデータを作成する際には、本演習のように、背景地図や正しい座標系の境界データと重ね合わせることを推奨します。

練習問題

本演習の保育所以外の施設と住所データの CSV ファイルを作成し、ジオコーディング機能を用いて座標値を付与します。その座標値を基に、ポイントデータを作成してみましょう。背景地図や正しい座標系の別のデータと重ね合わせて、作成したポイントデータが正しい位置に表示されているかどうか、確かめましょう。

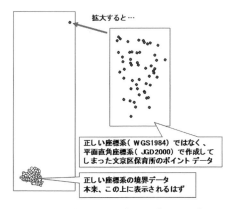

図 11-10　誤った座標系で作成したポイントデータの例

第 12 章

レイアウトと地図の作成

解説：レイアウトと地図の作成

ArcGIS Pro のレイアウトを使うと、マップ フレーム、テキスト、凡例、方位記号、縮尺記号などの地図要素を追加し、レイアウト作業を行うことができます。図 12-1 に、レイアウトの例を示します。

図 12-1　レイアウトの例

レイアウトのマップ フレーム、テキスト、方位記号、凡例などは自由に大きさを変えたり、移動できます。方位記号や縮尺はマップ フレームに対応しています。マップ フレームを拡大／縮小すると、それに合わせて方位記号や縮尺が自動的に変化します。

本章の演習では、地図を作成する方法として、① ArcGIS Pro のレイアウトを使う方法、② PowerPoint を使用する方法の 2 つを学びます。

演習：レイアウトを用いた地図作成

ArcGIS Pro のレイアウトを用いて、地図を作成します。具体的には、次のステップで演習を行います。

1. データの準備
2. レイアウトの挿入と表示の制御
3. タイトルの追加
4. 方位記号、縮尺記号の追加
5. 凡例の追加
6. 地図の出力

使用データ

・ 文京区 _ 小地域 .shp：e-Stat 平成 27 年国勢調査（小地域）の東京都文京区の境界データ。
・ 文京区保育所 .shp：第 11 章演習ステップ 4 で作成した東京都文京区の保育所データ

ステップ 1：データの準備

ArcGIS Pro を起動し、リボンの［挿入］タブの［新しいマップ］ボタンをクリックし、新しいマップを開きます。［コンテンツ］ウィンドウの［マップ］にレイヤー（「注記（地形図）」、「地形図（World Topographic Map）」等）がある場合は、レイヤーを右クリック→［削除］します。

［カタログ］ウィンドウの「フォルダー」から、演習用データの「gisdata¥childcare¥ 文京区 _ 小地域 .shp」、「gisdata¥childcare¥output¥ 文京区保育所 point.shp」をそれぞれビューにドラッグして追加します。（「フォルダー」にデータが見あたらない場合は、「フォルダー」を右クリック→［フォルダー接続の追加]をクリックして、データのあるフォルダーに接続します。）

［コンテンツ］ウィンドウの「マップ」をクリッ

クして、「childcare」に変更します（図 12-2）。

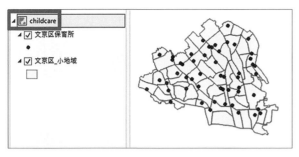

図 12-2　マップ名を「childcare」に変更

ステップ2：レイアウトの挿入と表示の制御

［挿入］タブの［新しいレイアウト］ボタンをクリックし、Portrait（縦長）の「A4」を選択します（図 12-3）。

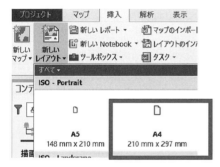

図 12-3　新しいレイアウト

レイアウトが開いたら、［挿入］タブの［マップ

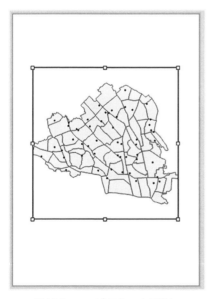

図 12-4　マップ フレームの追加

フレーム］ボタンをクリックし、「childcare」を選択します。レイアウトのマップ フレームの位置とサイズを図 12-4 のようにします。

［レイアウト］タブの［ナビゲーション］グループのボタンを使うと、レイアウトの表示を制御できます（図 12-5）。［マップ］グループのボタンを使うと、マップ フレームのマップの表示を制御できます。各ボタンをクリックして、表示の制御を試しましょう。

図 12-5　レイアウトとマップの表示の制御

ステップ3：タイトルの追加

レイアウトに、タイトルを追加します。［挿入］タブの［グラフィックスとテキスト］グループの［四角形テキスト］ボタンをクリックし、マップ フレームの上部でクリックします。レイアウトに追加された「テキスト」をダブルクリックします。

［テキストの書式設定］の［テキスト］を選択した状態で、［テキスト］に「東京都文京区の保育所」と入力します（図 12-6）。

図 12-6　タイトルのテキスト

［テキストシンボル］をクリックし、［表示設定］を展開→フォントのサイズを「24 pt」に設定→［適用］ボタンをクリックします。タイトルを上部中央に配置します（図 12-7）。

120

図 12-7　タイトルの追加

ステップ4：方位記号、縮尺記号の追加

　レイアウトに方位記号を追加します。［挿入］タブの［方位記号］ボタンの下矢印部分をクリックし、任意の方位記号を選択します。レイアウトに追加された方位記号を任意の場所に配置します。

　次に、縮尺記号を追加します。［挿入］タブの［縮尺記号］ボタンの下矢印部分をクリックし、任意の縮尺記号を選択します。レイアウトに追加された縮尺記号を任意の場所に配置します。

　レイアウトの縮尺記号を選択した状態で、［書式設定］タブを選択すると、テキストシンボル等を変更できます。［設計］タブを選択すると、目盛や単位などを変更できます（図12-8）。

ステップ5：凡例の追加

　レイアウトに凡例を追加します。［挿入］タブの

　［凡例］ボタンをクリックし、レイアウトの任意の場所をクリックします。レイアウトに追加された凡例を選択すると、［凡例の書式設定］が開きます（図12-9）。任意の書式を設定し、［適用］ボタンをクリックします。

図 12-9　凡例の書式設定

　レイアウトの凡例をドラッグして任意の場所に配置します。

　作成したレイアウトの例を図12-10に示します。

図 12-10　レイアウトの例

図 12-8　［書式設定］と［設計］タブ

ステップ 6：地図の出力

ArcGIS Pro で作成した地図やレイアウトは、様々な形式（PDF、PNG、JPEG、TIFF 等）で出力できます。

前のステップで作成したレイアウトを PDF ファイルにしてみましょう。［共有］タブの［レイアウトのエクスポート］をクリックします（図 12-11）。［ファイルの種類］で「PDF」を選び、ファイル名を「childcare.pdf」とし、［エクスポート］ボタンをクリックします。

図 12-11　レイアウトのエクスポート

保存した PDF ファイルを開き、確認します。

演習：PowerPoint を用いた地図作成

ArcGIS Pro と PowerPoint を併用すると、効果的なプレゼンテーション用の地図を作成できます。前の演習で作成したレイアウトを利用して、PowerPoint で地図を作成してみましょう。具体的には、次のステップで演習を行います。

1. 地図のコピーと貼り付け
2. PowerPoint を用いた地図作成

ステップ 1：地図のコピーと貼り付け

作成する地図に含めたい ArcGIS Pro の画像をコピーします。ここでは、図 12-12 のレイアウトの①と②の範囲を地図に含めることにします。

Windows のプログラムから、［Snipping Tool］を起動します。

（他の画面キャプチャツールを使用しても構いません。［ペイント］を使用する方法は、後に説明します。）

Snipping Tool が起動したら、［新規］をクリックします。図の①の範囲をドラッグします。Snipping Tool に図の①の画像が表示されたら、PowerPoint を起動して、新しい白紙のスライドに貼り付けます。

図 12-12　コピーする部分

同様に、Snipping Tool の［新規］をクリック→図の②の範囲をドラッグして選択→ PowerPoint のスライドに貼り付けます。

Snipping Tool がない場合は、キーボードの「PrintScreen」（Prt Sc）を押して、Windows の［ペイント］を起動します。ペイントが開いたら、［貼り付け］をクリックします。ペイントに、「PrintScreen」でキャプチャした Windows の画面が表示されます。［選択］機能を用いて図の①の範囲を選択し、［コピー］をクリックして PowerPoint のスライドに貼り付けます。同様に、図の②の範囲を選択し、［コピー］をクリックして PowerPoint のスライドに貼り付けます。

ステップ 2：PowerPoint を用いた地図作成

PowerPoint で、タイトルや凡例などの体裁を整えます。例を図 12-13 に示します。

PowerPoint で作成した地図は、次のように Word に貼り付けることができます。PowerPoint で作成した地図部分をすべて選択し、［コピー］をクリックします。Word を起動します。貼り付け機能の［形式を選択して貼り付け］→「図（拡張メタファイル）」を選択→［OK］ボタンをクリックします。

図 12-13　PowerPoint で作成した地図

　以上の方法は参考例に過ぎません。凡例、縮尺記号、方位記号等は、ArcGIS Pro のレイアウトを使わず、PowerPoint で作成することもできます。自分の技術や目的に適した方法で地図を作成するとよいでしょう。

第 13 章	3D マップの作成

解説：

ArcGIS Pro では、3D マップを作成できます。図 13-1 は、東京圏（埼玉県、千葉県、東京都、神奈川県）の地価の 3D マップです。地価のように分布の歪みが大きいデータは、3D マップにすると、2D マップよりも地域差を理解しやすくなります。

ArcGIS Pro では、2D のマップを「マップ」、3D のマップのことを「シーン」と呼びます。

3D マップを作成するには、主に次の 2 つの方法があります。①新しいシーンを挿入し、3D マップを作成する。②2D マップから 3D マップを作成する。本章の演習では、②の方法を学びますが、①の地価を立ち上げる操作は同じです。

シーンは、「グローバル」または「ローカル」で表示します。グローバル シーンは地球規模のデー

タや、地球全体の表示からある地域を拡大したり、ある地域に移動したりする 3D マップに適しています。グローバル シーンに使用できる座標系は、WGS84 のみです。

一方、ローカル シーンは、限られた範囲のデータの 3D マップに適しています。ローカル シーンでは、任意の座標系を使用できます。

演習：地価の 3D マップの作成

東京都の地価の 3D マップを作成します。演習は、次のステップで行います。

1. データの準備
2. 3D マップの作成

使用データ：

・ chika_tokyo_land.shp：東京都（離島除く）の地価

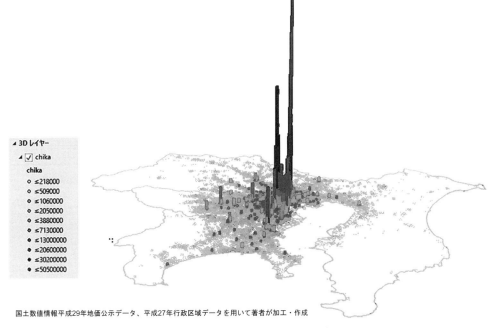

国土数値情報平成29年地価公示データ、平成27年行政区域データを用いて著者が加工・作成

図 13-1　東京圏の地価の 3D マップ

データ。(国土数値情報平成 29 年地価公示データ
を用いて著者が加工・作成。)

・行政区域 _ 東京陸地 rp.shp：東京都（離島除く）
の市区町村境界データ。(国土数値情報平成 29 年
行政区域データを用いて著者が加工・作成。)

ステップ 1：データの準備

ArcGIS Pro を起動し、リボンの［挿入］タブの
［新しいマップ］ボタンをクリックし、新しいマッ
プを開きます。［コンテンツ］ウィンドウの［マッ
プ］にレイヤー（「注記（地形図）」、「地形図（World
Topographic Map）」等）がある場合は、レイヤーを
右クリック→［削除］します。

［カタログ］ウィンドウの「フォルダー」から、
演習用データの「gisdata¥ 国土数値情報 ¥H29 行政
区域 ¥ 行政区域 _ 東京陸地 rp.shp」、「gisdata¥ 国土数
値情報 ¥H29 地価公示 ¥ chika_tokyo_land.shp」をそ
れぞれビューにドラッグして追加します。（「フォル
ダー」にデータが見あたらない場合は、「フォルダー」
を右クリック→［フォルダー接続の追加］をクリッ
クして、「gisdata」フォルダーに接続します。）

［コンテンツ］ウィンドウの「行政区域 _ 東京陸
地 rp」のシンボルをクリックします。［シンボル］
が開いたら、［プロパティ］を選択して［色］を白
に変更し、［適用］ボタンをクリックします。

［コンテンツ］ウィンドウの「chika_tokyo_land」
を右クリック→［シンボル］を選択します。［シン
ボル］が開いたら、［プライマリ シンボル］で「等
級色」、［フィールド］で「chika」、［クラス］で「10」、
［配色］で任意の配色を選択します。

図 13-2 のような 2D マップになります。

図 13-2　東京圏の 2D マップ

ステップ 2：3D マップの作成

［表示］タブの［変換］ボタンをクリックし、［ロー
カルシーンに変換］を選択します（図 13-3）。

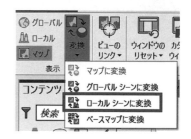

図 13-3　［変換］ボタン

［表示］タブの［ローカル］をクリックします（図
13-4）。

図 13-4　［ローカル］ボタン

［コンテンツ］ウィンドウの「マップ _3D」を右
クリック→［プロパティ］を選択します。［マップ
プロパティ］が開いたら、［座標系］を選択します。
［現在の XY］が「平面直角座標系第 9 系（JGD2000）
であることを確認します（図 13-5）。［キャンセル］
ボタンをクリックします。

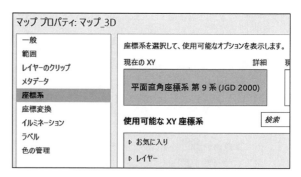

図 13-5　表示する座標系の変更

［コンテンツ］ウィンドウに「WorldElevation3D/
Terrain3D」レイヤーのチェックをオフにします。「行
政区域 _ 東京陸地 rp」のシンボルの色を「色なし」
に設定します。図 13-6 のように表示されます。

［コンテンツ］ウィンドウの「chila_tokyo_land」
を選択します。リボンの［表示設定］タブをクリッ
クし、次のように設定します（図 13-7）。［タイプ］

をクリック→［ベース高度］を選択します。［立ち
上げの式］ボタンをクリックします。［式の設定］
が開いたら、「chika」をダブルクリック→［条件
式］に「$feature.chika」と自動入力されたら続け
て「/ 1500」と入力し、［OK］ボタンをクリックし
ます。

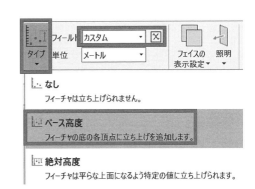

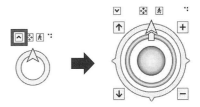

図 13-7　立ち上げの設定

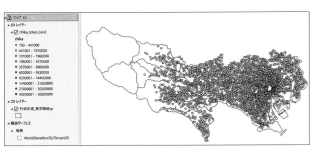

図 13-6　マップ画面

　ビューに地価の 3D マップが表示されます。うま
く表示されない場合は、拡大・縮小してみてくださ
い。ビュー左下の［フル コントロールの表示］の
矢印（図 13-8）をクリックします。
　フル コントロールが表示されたら、表示をコント

図 13-8　フル コントロールの表示

ロールします。3D マップの例を図 13-9 に示します。
これは 3D マップの表示例にすぎません。目的や使
用するデータに適した 3D マップを作成しましょう。

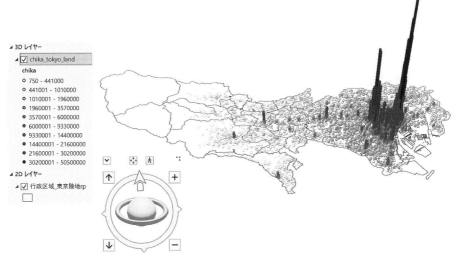

図 13-9　地価の 3D マップ

文献ガイド

本書では、経済・政策分析において特に利用頻度の高いと思われる GIS の機能と空間データの基礎を解説しました。さらに勉強したい読者のために、GIS の基礎と応用に関する文献を紹介します。

浅見泰司・矢野桂司・貞広幸雄・湯田ミノリ編（2015）『地理情報科学－ GIS スタンダード』古今書院.

esri ジャパン ArcGIS Pro について （http://pro.arcgis.com/ja/pro-app/get-started/get-started.htm）

esri ジャパン『ArcGIS Pro 逆引きガイド』（各バージョン対応を ESRI ジャパンの製品サポートページからダウンロードできます。）

esri ジャパン『ArcGIS Pro ワークブック』（各バージョン対応を ESRI ジャパンの製品サポートページからダウンロードできます。）

地理情報システム学会 教育委員会編（2021）『地理空間情報を活かす授業のための GIS 教材　改訂版』古今書院.

中島　円（2021）『その問題、デジタル地図が解決します－はじめての GIS』ベレ出版.

橋本雄一編（2019）『五訂版　GIS と地理空間情報－ArcGIS 10.7 と ArcGIS Pro 2.3 の活用』古今書院.

羽田康祐（2021）『地図リテラシー入門－地図の正しい読み方・描き方がわかる』ベレ出版.

政春尋志（2011）『地図投影法：地理空間情報の技法』朝倉書店.

矢野桂司（2021）『GIS: 地理情報システム（やさしく知りたい先端科学シリーズ 8)』創元社.

若林芳樹・今井　修・瀬戸寿一・西村雄一郎編著（2017）『参加型 GIS の理論と応用－みんなで作り・使う地理空間情報－』古今書院.

Bolstad, P. (2016) *GIS Fundamentals: A First Text on Geographic Information Systems, Fifth Edition.* XanEdu Publishing.

DiBiase, D., DeMers, M., Johnson, A., Kemp, K., Luck, A. T., Plewe, B., Wents, E., eds. (2006) *Geographic Information Science & Technology: Body of Knowledge.* Washington, DC: Association of American Geographers.

Law, M., Collins, A. (2021) *Getting to Know ArcGIS Pro 2.8 Fourth Edition,* California: Esri Press.

Longley, P. A., Goodchild, M. F., Maguire, D. J., Rhind, D. W. (2015) *Geographic Information Science and Systems, Fourth Edition.* John Wiley & Sons.

Monmonier, M. (2014) *How to Lie with Maps 2nd Edition.* University of Chicago Press.

索　引

使用データ

【a～z】

chika_tokyo_land.shp

clip.shp

econcensus.xls

H26ca13.shp

h27ka13.shp

h27ka13103.shp

intersect.shp

L01-17_13.shp

MESH05339.shp

MESH05339_cbd3ku.shp

MESH05339_港区 .shp

MESH05339_港区 2

N03-17_13_170101.shp

pop.xlsx

tblT000847H5339.txt

tblT000851C13.txt

【あ　行】

駅 400mbuf.shp

駅_東京 23 区 .shp

駅_港区周辺 .shp

【か　行】

核家族 .xlsx

行政区域_東京 23 区 .shp

行政区域_東京 rp.shp

行政区域_東京陸地 rp.shp

【さ　行】

浸水想定区域_東京 .shp

全国都道府県界 .shp

全国都道府県界 a.shp

【た　行】

地価公示_東京 rp.shp

千代田区_小地域 .shp

中央区_小地域 .shp

鉄道_東京周辺 .shp

東京 23 区境界 .shp

都心 3 区 .shp

都心 3 区 append.shp

都心 3 区 merge.shp

都心 3 区_区域 .shp

都心 3 区_小地域 .shp

都心主要 4 駅 .shp

【ま　行】

港区境界 .shp

港区セブンイレブン .shp

港区_小学校 .shp

港区_小地域 .shp

港区_世界測地系緯度慶雄 .shp

港区_平面直角座標系 jgd2011.shp

【は　行】

文京区保育所 .csv

文京区保育所 .shp

文京区_小地域 .shp

保育所 point.shp

保育所_港区 .shp

保育所_港区_SpatialJoin1.shp

著者について

河端瑞貴（かわばた　みずき）

1995 年慶應義塾大学経済学部卒業、1997 年同大学政策・メディア研究科修士課程修了、2002 年米国マサチューセッツ工科大学大学院博士課程都市計画専攻修了、Ph.D.（Urban and Regional Planning）。東京大学空間情報科学研究センター機関研究員・准教授などを経て、現在、慶應義塾大学経済学部教授。専門は空間情報科学、経済地理、都市地域政策。GIS に関する論文多数。日本人ではじめて米国 GIS Certification Institute の GIS Professional（GISP）資格取得（2005 年）。米国 Association of Collegiate Schools of Planning 最優秀博士論文賞（2002 年）、 地理情報システム学会研究奨励賞（2006 年）、応用地域学会論文賞（2015 年）等受賞。
https://sites.google.com/keio.jp/mizuki

書　名	**経済・政策分析のための GIS 入門 1: 基礎　ArcGIS Pro 対応　［二訂版］**
コード	ISBN978-4-7722-3199-2　C3055
発行日	2018 年 4 月 10 日　初版第 1 刷発行
	2022 年 4 月 21 日　二訂版第 1 刷発行
著　者	河 端 瑞 貴
	Copyright ©2022 Mizuki KAWABATA
発行者	株式会社古今書院　橋本寿資
印刷所	株式会社理想社
発行所	株式会社古今書院
	〒 113-0021 東京都文京区本駒込 5-16-3
電　話	03-5834-2874
Ｆ Ａ Ｘ	03-5834-2875
振　替	00100-8-35340
ﾎｰﾑﾍﾟｰｼﾞ	http://www.kokon.co.jp
	検印省略・Printed in Japan